KB187299

수학도 대화가
필요해

수학 소녀의 비밀노트
수학도 대화가 필요해

2022년 5월 15일 1판 1쇄 발행
2023년 6월 9일 1판 2쇄 발행

지은이 | 유키 히로시
옮긴이 | 황세정
펴낸이 | 양승윤

펴낸곳 | (주)와이엘씨
　　　　서울특별시 강남구 강남대로 354 혜천빌딩
　　　　(전화) 555-3200 (팩스) 552-0436

출판등록 | 1987. 12. 8. 제1987-000005호
http://www.ylc21.co.kr

값 17,500원

ISBN 978-89-8401-247-9 04410
ISBN 978-89-8401-240-0 (세트)

• **영림카디널**은 (주)와이엘씨의 출판 브랜드입니다.
• 소중한 기획 및 원고를 이메일 주소(editor@ylc21.co.kr)로 보내주시면,
　출간 검토 후 정성을 다해 만들겠습니다.

수학 소녀의 비밀노트

수학도
대화가
필요해

유키 히로시 지음
황세정 옮김
전국수학교사모임 감수

전국수학
교사모임
추천도서

일본수학
협회 출판상
수상

영림카디널

고등학교 시절 나는 수학을 어떻게 배웠는지 지난날을 돌아봅니다.

개념을 완전히 이해하고 문제를 해결했는지 아니면 좋은 점수를 받기 위해 문제 풀이 방법만 쫓아다녔는지 말입니다. 지금은 입장이 바뀌어 학생들을 가르치는 선생님이 되었습니다. 수학을 어떻게 가르쳐야 할까? 제대로 개념을 이해시킬 수 있을까? 수학 공부를 어려워하는 학생들에게 이 내용을 이해시키려면 어떻게 해야 할까? 늘 고민합니다.

'수학을 어떻게, 왜 가르쳐야 하는 것일까?'라고 매일 스스로에게 반복하고 질문하며 그에 대한 답을 찾아다닙니다. 그러나 명확한 답을 찾지 못하고 다시 같은 질문을 되풀이하곤 합니다. 좀 더 쉽고 재밌게 수학을 가르쳐 보려는 노력을 하는 가운데 이 책, 《수학 소녀의 비밀노트》 시리즈를 만났습니다.

수학은 인류의 역사상 가장 오래 전부터 발달해온 학문입니다. 수학은 인류가 물건의 수나 양을 헤아리기 위한 방법을 찾아 시작한 이래 수천년에 걸쳐 수많은 사람들에 의해 발전해 왔습니다. 그런데 오늘날 수학은 수와 크기를 다루는 학문이라는 말로는 그 의미를 다 담을 수 없는 고도의 추상적인 개념들을 다루고 있습니다. 이렇게 어렵고 복잡한 내용을 담게 된 수학을 이제 막 공부를 시작하는 학생들이나 일반인들이 이해하는 것은 더욱 힘들게 되었습니다. 그래서 더욱 수학을 어떻게 접근해야 쉽게 이해할 수 있을지 더 고민이 필요해졌습니다.

이 책의 등장인물들은 다양하고 어려운 수학 소재를 가지고, 일상에서 대화하듯이 편하게 이야기하고 있어 부담 없이 읽을 수 있습니다. 대화하는 장면이 머릿속에 그려지듯이 아주 흥미롭게 전개되어 기초가 없는 학생이라도 개념을 쉽게 이해할 수 있습니다. 또한 앞서 배웠던 개념을 잊어버려 공부에 어려움을 겪는 학생이어도 그 배운 학습내용을 다시 친절하게 설명해주기에 걱정하지 않아도 됩니다. 더군다나 수학을 어떻게 쉽게 설명해야 할까 고민하는 선생님들에게 그 해답을 제시해 주기도 합니다.

수학은 수와 기호로 표현합니다. 언어가 상호간 의사소통을 하기 위한 최소한의 도구인 것과 같이 수학 기호는 수학으로 소통하는 사람들의 공통 언어라고 할 수 있습니다. 그러나 수학 기호는 우리가 일상에서 사용하는 언어와 달리 특이한 모양으로 되어 있어 어렵고 부담스럽게 느껴집니다. 이 책은 기호 하나라도 가볍게 넘어가지 않습니다. 새로운 기호를 단순히 '이렇게 나타낸다'가 아니라 쉽고 재미있게 이해할 수 있도록 배경을 충분히 설명하고 있어 전혀 부담스럽지 않습니다.

또한, 수학의 개념도 등장인물들의 자연스러운 대화를 통해 새롭고 흥미롭게 설명해줍니다. 이 책을 다 읽고 난 후 여러분은 자신도 모르게 수학에 대한 자신감이 한층 높아지고 수학에 대한 두려움이 즐거움으로 바뀌게 될지 모릅니다.

수학을 처음 접하는 학생, 수학 공부를 제대로 시작하고 싶지만 걱정이 앞서는 학생, 막연히 수학에 대한 두려움이 있는 학생, 수학 공부를 다시 도전하고 싶은 학생, 혼자서 기초부터 공부하고 싶은 학생, 심지어 수학을 어떻게 쉽고 재밌게 가르칠까 고민하는 선생님에게 이 책을 권합니다.

전국수학교사모임 회장

독자에게

이 책에서는 유리, 테트라, 미르카, 그리고 '나'의 수학 토크가 펼쳐진다.

무슨 이야기인지 이해하기 어려워도, 수식의 의미를 이해하기 어려워도

멈추지 말고 계속 읽어 주길 바란다.

그리고 그들이 하는 말을 귀 기울여 들어주길 바란다.

그래야만 여러분도 수학 토크에 함께 참여하는 것이 되니까.

등장인물 소개

나 고등학교 2학년. 수학 토크를 이끌어 나간다. 수학, 특히 수식을 좋아한다.

유리 중학교 2학년. '나'의 사촌 동생. 밤색의 말총머리가 특징. 논리적 사고를 좋아한다.

노나 중학생. 유리의 같은 반 친구로 베레모를 쓰고 다니며, 둥근 안경을 꼈다. 수학에 자신감이 없다.

테트라 고등학교 1학년. 항상 기운이 넘치는 '에너지 걸'. 단발머리에 큰 눈이 매력 포인트.

어머니 '나'의 어머니.

차례

감수의 글 ·· 05

독자에게 ·· 09

등장인물 소개 ······································ 10

프롤로그 ·· 16

제1장 무한한 캔버스

1-1 나의 방 ····································· 20

1-2 뭘 좋아해? ································· 24

1-3 질문과 답변 ······························· 30

1-4 좌표평면 ································· 37

1-5 점을 그리다 ······························· 44

1-6 점의 색 ··································· 51

1-7 상하좌우 ································· 59

1-8 예시는 이해의 시금석 ······················· 65

● ● ● **제1장의 문제** ····························· 78

제2장 직선에 대해 알아보자

2-1 간식 시간 ···································· 84

2-2 점과 직선 ···································· 87

2-3 경계 ···································· 89

2-4 수학 토크 ···································· 105

2-5 다른 직선 ···································· 109

2-6 전부 모르겠다고? ···································· 116

2-7 문제 될 건 하나도 없어 ···································· 118

2-8 이항 ···································· 121

2-9 식의 의미 ···································· 126

● ● ●　**제2장의 문제** ···································· 136

제3장 암기와 이해

3-1 도서실에서 ···································· 140

3-2 추억 ···································· 144

3-3 설명을 멈추다 ···································· 152

3-4 암기와 이해 ···································· 156

3-5 So what? ···································· 159

3-6 닭과 달걀 ···································· 167

3-7 자신의 '무기'를 의식하다 ···································· 175

● ● ●　**제3장의 문제** ···································· 177

제4장 무엇을 모르는지 모르겠어요

4-1 노나를 기다리며 ································· 180

4-2 노나의 도착 ····································· 182

4-3 또 전부 모르겠다고? ···························· 183

4-4 의미를 생각하다 ································· 187

4-5 기계적으로 조작하다 ···························· 193

4-6 동치변형 ·· 198

4-7 일차방정식 ······································ 205

4-8 일차방정식의 정의 ······························ 207

4-9 조건을 확인하다 ································· 212

4-10 '자신의 이해에 관심을 갖기' ···················· 217

4-11 틀려도 돼요? ··································· 222

● ● ● 제4장의 문제 ································· 235

제5장 가르치다·배우다·생각하다

5-1 암기와 이해 ····································· 238

5-2 학생과 선생님 ··································· 245

5-3 배운 것을 해 보다 ······························ 254

5-4 암기왕 ·· 257

5-5 이유와 납득 ····································· 265

5-6 이유가 중요한 이유 ······························ 276

5-7 점을 움직이다 ·· 278

5-8 배워 나가기 위해 ·· 287

●●● **제5장의 문제** ·· 291

에필로그 ·· 293

해답 ·· 303

좀 더 생각해보고 싶은 독자를 위해 ················· 338

맺음말 ·· 348

시험은 싫어.

나쁜 점수를 받으면 혼나겠지.

혼나는 건 싫은데.

문제를 틀리는 건 싫어.

틀리면 혼나겠지.

혼나는 건 싫은데.

시험은 정말 싫어.

틀리는 것도 싫고.

시험이 즐거우면 좋을 텐데.

뭘 좀 알면 시험이 즐거워지려나.

시험이 즐거워지면 좋을 텐데.

제1장

무한한 캔버스

"무한의 끝은 보이지 않는데,
어떻게 무한이라고 할 수 있지?"

나는 고등학생이고, 오늘은 토요일이다. 그리고 여기는 나의 방이다.

여느 때처럼 사촌 동생인 유리가 놀러 왔다. 하지만 오늘은 평소와 다르다.

오늘은 '다른 여자아이 한 명'이 함께 왔기 때문이다.

유리 얘가 노나야! 나랑 같은 반 친구인.

노나라고 불린 아이는 나를 보더니 꾸벅 인사했다.

그 아이는 유리에 비해 체구가 몹시 아담했다.

유리와 같은 중학생인데도 마치 초등학생처럼 보였다.

나 안녕? 노나라고 불러도 될까?

노나 네….

베레모를 쓰고 동그란 안경을 낀 노나는 어린 소녀 같은 목소리로 대답했다.

나이보다 어려 보이는 건 살짝 처진 눈꼬리 탓도 있으려나?

베레모 밑으로 살짝 앞머리가 보였다. 그중 한 가닥만 은발로 염색한 모습이 인상적이다.

유리 오빠! 노나를 그렇게 빤히 쳐다보면 어떡해! 실례잖아!

유리는 마치 자신이 노나의 보호자라도 되는 양 내 시선을 가로막았다.

유리는 사촌 동생이지만, 어릴 적부터 함께 놀아서 나를 친오빠처럼 대했다.

나 아, 미안.
유리 하지만 노나의 머리에 시선이 가는 것도 무리는 아니지.
 저렇게 한 가닥만 은발로 염색한 거 진짜 멋있지 않아?
노나 아니야. 멋있긴….

노나는 이렇게 말하더니 손끝으로 앞머리를 만지작거렸다.
활달한 유리와 얌전한 소녀 같은 노나.
참으로 대조적인 모습이었다.

나 그건 그렇고…. 오늘은 대체 무슨 일로 온 거니?

노나 유리야, 너 미리 말 안 했어?

노나의 말에 유리는 노나에게 한쪽 눈을 찡긋하더니 나를 똑바로 바라보며 말했다.

유리 결론부터 말하자면 수학을 가르쳐 주는 거지.

나 수학을 가르치다니…. 누가?

유리 오빠가.

나 누구한테?

유리 노나한테.

노나 저기…. 부탁드릴게요.

나 아니, 갑자기 그러면….

유리 아, 괜찮아. 걱정하지 마. 오빠는 평소처럼 그냥 편하게 말
만 하면 된다니까.

나 뭔 소리야?

유리 있잖아, 노나 얘가 수학을 그다지 잘하질 못하거든. 그러
니까 오빠가 하나씩 차근차근 가르쳐 줘.

노나 제가 수학을 전혀 못해서….

유리 하지만 관심은 있잖아. 안 그래?

노나 네가 해 준 이야기들은 재미있었어….

유리 어? 진짜?

노나 응… 얼마 전에도….

유리와 노나, 이 사이좋은 중학생 친구들은 이내 둘만의 대화를 시작했다. 나는 한동안 투명인간 취급을 받았다.

두 사람의 대화 내용을 종합하자면 이랬다.

노나는 수학을 그리 잘하지 못한다. 아니, 어려워한다. 수업 내용조차 제대로 이해하질 못하니 시험 성적도 나쁠 수밖에 없다. 하지만 유리에게서 수학과 관련된 흥미로운 이야기를 듣다 보니 노나도 수학에 조금씩 관심이 생기기 시작했다. 그러자 유리의 이야기에 종종 등장하는 '오빠'라는 사람을 직접 만나보고 싶어졌다. 그래서 오늘 유리를 따라 우리 집에 온 것이었다.

나 그렇게 된 거구나.

유리 그렇게 된 거야.

노나 잘 부탁드려요….

노나와 유리 그리고 나.

우리 세 사람의 수학 이야기는 이렇게 시작되었다.

나 수학을 가르쳐 달라고 하니 뭐부터 말해야 좋을까? 노나,
   넌 수학이 어려워?

노나 네….

나 아니면 수학이 싫어?

노나 네?

나 잘하고 못함, 좋고 싫음은 다르다는 말이야.

노나 아? 잘 모르겠어요. 무슨 말인지….

어떤 일을 잘하느냐 못하느냐와 좋아하느냐 싫어하느냐 하는
것은 전혀 다른 이야기다.

수학 문제를 풀 수 있고, 교과서에 적힌 내용을 잘 이해한다면
수학을 '잘한다'라고 말할 수 있다. 못하는 것은 그 반대다.

수학과 관련된 이야기에 관심을 보이거나 재미를 느낀다면 '좋
아한다'라고 할 수 있다. 싫어하는 것은 그 반대다.

수학을 잘하지만 싫어하는 사람도 있고, 수학을 못하지만 좋
아하는 사람도 있다.

나 노나, 넌 수학 수업을 싫어하니?

노나 음…, 싫어요.

나 싫어하는구나.

노나 지루해요….

나 수업이 지루한 이유가 뭐라고 생각해?

노나 잘 모르겠어요.

나 수업 내용이 어려워서일까?

노나 글쎄요… 잘 모르겠어요.

음…. 나는 그만 난감해졌다.

어쩌다 보니 그만 노나에게 수학을 가르치게 되었지만, 아무것도 모르겠다고 하는 상태에서 다짜고짜 '수학 이야기'를 꺼낼 수는 없는 노릇이었다.

뭔가 대화의 물꼬를 틀 수 있을 만한 게 있으면 좋을 텐데….

나 유리야, 너 예전에 노나에게 무슨 이야기를 했어?

나는 노나와의 대화를 중단하고, 우리 대화를 듣고 있던 유리에게 물었다.

유리 뭐, 이것저것 많이 했지. 그러고 보니 노나는 리사주 도형을 좋아했던 것 같은데. 노나야, 내 말이 맞지?

노나 응, 좋아해….

나 리사주 도형이라…. 이런 거 말이야?

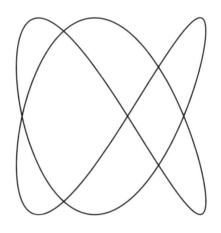

그림을 본 노나가 두 눈을 반짝였다.

나 이렇게 다양한 종류를 나란히 그린 것도 있어.

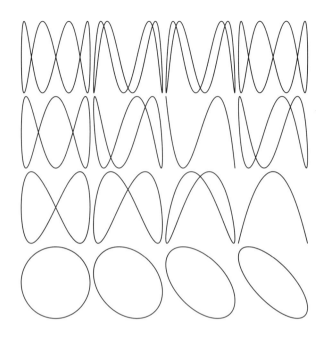

노나 이것도 좋아요….

나 그럼 그래프 같은 것도 좋아하려나. 혹시 이렇게 생긴 그래
프는 알아?

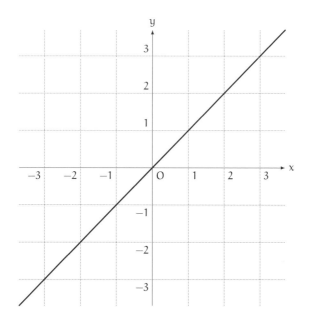

노나가 고개를 살짝 끄덕였다.

안다는 뜻이겠지?

나 여기 이 대각선 모양의 그래프는

$$y = x \qquad \text{와이 이콜 엑스}$$

라는 식으로 쓸 수 있는데, 혹시 이건 알아?

노나 기억나요…. 배웠어요.

나 배웠구나.

노나 네, 기억나요….

나 $y = x$가 무엇을 나타내는지는 알아?

노나 이, 이거요?

노나는 잘 모르겠다는 듯한 표정으로 그래프를 가리켰다.

나 아, 아니 그걸 묻는 게 아니야. 이 그래프는 직선 그래프로, $y = x$라는 식으로 쓸 수 있지만, 이 $y = x$라는 식 자체가 어떤 의미인지 아냐고 묻는 거야. 네가 이 식이 '기억난다.'라고 했으니까 그냥 '$y = x$라는 식을 단순히 기억하는 게 아니라 그 의미를 잘 이해하고 있는지' 궁금했거든. 자, 다시 물을게. $y = x$라는 식이 어떻게 이 그래프를 나타내는지 이해하고 있니?

노나 ….

노나는 입을 꾹 다물더니 표정이 딱딱하게 굳어졌다.
눈가에 눈물이 살짝 맺히기까지 했다.
나는 당황하고 말았다.

나 아니, 잘 모르겠으면 그냥 모른다고 답해도 돼.

노나 무슨 소린지…, 무슨 소린지 모르겠어요.

유리 아니, 오빠! 뭐 하는 거야! 왜 노나를 울리고 그래!

나 아, 그러게. 미안….

유리 오빠는 흥분하면 갑자기 말이 빨라지고 목소리가 높아진
다고! 나야 익숙하니까 그러려니 하지만, 꼭 다그치는 것 같
단 말이야.

내가 그런가? 전혀 몰랐는데….

조심해야겠다.

나 노나야, 혹시 내 말투가 무서워?

노나는 동그란 안경을 벗더니 주머니에서 작은 손수건을 꺼내
눈가를 살짝 닦았다.

노나 아니에요…. 괜찮아요.

나 다행이다. 이야기를 계속해도 될까?

노나 네. 그런데 무슨 소린지 잘 모르겠어요…. 이해를 못 하
겠어요.

노나는 안경을 다시 쓰고는 이렇게 말했다.

나 그래. 무슨 뜻인지 이해가 가지 않으면 대답을 할 수가 없
겠지.
유리 당연히 그렇지!
나 지금 나는 노나 네가 '수학의 어떤 부분을 어떤 식으로 이해
하고 있는지' 알고 싶어. 그래서 너한테 이것저것 물어보고
싶어. 그건 괜찮아?

그 말에 노나가 고개를 끄덕였다.

나 혹시 이해가 잘 가지 않는다거나 네가 제대로 대답하기 힘
든 질문이 나올 수도 있어. 만약 이해가 잘 가지 않을 때는
무슨 뜻인지 이해가 가질 않는다고 말해 줘. 대답하기가 어
려울 때는 머뭇거리지 말고 어떻게 답해야 할지 모르겠다고
이야기하고.

내 말에 노나가 다시 한 번 고개를 끄덕였다.

나 다행이다. 그럼 계속할게. 이 $y = x$라는 식의 의미를 설명
해 볼게.

노나 그 식에 의미가 있군요.

나 응, 의미가 있어.

$$y = x$$

라는 식은

y좌표와 x좌표가 같다

는 의미가 담겨 있지. 하지만 그 의미를 제대로 이해하려면
각각의 용어를 이해할 필요가 있어.

노나 ….

나 다양한 용어가 나오겠지만, 무슨 뜻인지 하나씩 차근차근
설명할 테니까 걱정하지 마.

노나 다 의미하는 게 있군요….

나 맞아. 수학에 등장하는 식과 용어, 그래프에는 전부 의미
가 있어.

노나 의미가 있을 줄…, 몰랐어요.

나 의미가 있으니까 생각할 수 있는 거지. 지금부터 우리는 이
그래프에 대해 함께 생각해볼 거야.

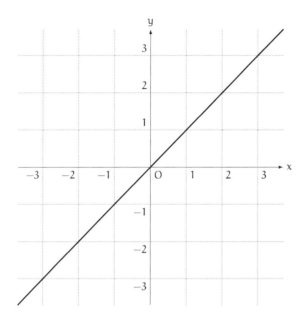

　　내 말에 노나가 아무 말 없이 은발로 염색한 앞머리를 만지작
거렸다.

　　나는 잠시 말을 멈추었다. 그리고 기다렸다.

　　노나는 뭔가를 생각하는 듯했다.

노나 ….

나 궁금한 게 있으면 뭐든지 물어봐.

노나 하나 있어요.

나 있어? 뭐가 궁금한데?

노나 그래프는 이미 그려져 있잖아요. 여기….

나 그렇지.

노나 그래프가 이미 있는데도 더 생각해야 해요?

나 ….

이번에는 내가 입을 다물고 말았다.

그래프가 여기 이미 그려져 있는데 뭘 더 생각해야 하냐는 건가? 아마 그런 뜻이겠지.

나는…. 이제껏 내가 수학을 잘 가르친다고 생각했다. 사촌 동생인 유리와 후배인 테트라에게 수학을 가르쳐 본 경험이 있으니 적어도 내가 아는 내용은 알기 쉽게 잘 풀어서 설명할 수 있다고 생각했다.

하지만….

하지만 오늘 이 베레모를 쓴 노나와 이야기를 나누다 보니 점점 자신이 없어졌다.

내가 이제껏 수학을 잘 가르칠 수 있었던 데에는 유리나 테트라의 공이 컸는지도 모르겠다.

예를 들어 유리 같은 경우는 이렇다.

사촌 동생인 유리는 알겠으면 '알겠어.'라고 대답하고, 잘 모르겠으면 '잘 모르겠어.'라고 말해 준다. 가끔 상황에 맞지 않는 말을 할 때도 있지만, 어쨌거나 대답은 바로바로 한다.

테트라도 비슷하다.

후배인 테트라는 궁금한 점이 있으면 바로 손을 들고, 자신의 생각이나 잘 이해가 가지 않는 부분을 말로 정확하게 표현한다.

그래서 나는 유리와 테트라의 반응을 보고 다음 설명을 이어 나갈 수 있었다. 유리와 테트라가 자신의 상태를 말해 주었기 때문에 잘 가르칠 수 있었던 것이다.

하지만 노나는 그렇지 않았다.

동그란 안경을 쓴 노나는 대체 어떤 식의 생각을 하는 건지 처음 이야기를 했을 때부터 지금까지 도통 알 수가 없었다.

그래서 대화를 이어 나가기가 어려웠다.

앞으로 이야기를 어떻게 풀어 나가야 하는 걸까….

노나 ….

노나가 다시 입을 꾹 다물어 버리기에 나는 황급히 설명을 이어 나갔다.

> 나 내가 '그래프를 생각한다.'라고 말한 것은 이런 거야. 네가
> 지금 보고 있는 것은 이미 그려져 있는 그래프지? 하지만 그
> 그래프는 $y = x$라는 식으로 나타낼 수 있어. 이 두 가지, 즉
> '그래프'와 '식'의 관계를 한번 생각해보자는 거야.

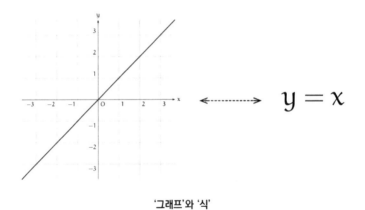

'그래프'와 '식'

> 유리 오빠, 말이 또 빨라졌어.
> 노나 이미 그려져 있는데도 생각해본다고요?
> 나 응. 그래프가 이미 그려져 있는데도 굳이 그것에 대해 생각
> 해본다는 게 이상하게 느껴졌나 보구나.
> 노나 ….

36

나 이야기를 좀 더 해 보면 이해가 갈지도 몰라. 계속 설명해
   도 될까? 어때?

노나 괜찮아요….

1-4 좌표평면

나 다행이다. 그럼 그래프 이야기로 다시 돌아가 보자. 그래프
   는 이런 식으로 종이에 그리잖아. 이때 어디에 뭘 그리는지
   알 수 있게 기준이 되는 선을 먼저 긋게 돼. 가로 방향과 세
   로 방향으로 직선을 긋지.

유리 x축과 y축.

나 그래, 유리 말대로 이 직선들에는 저마다 이름이 있어. 가로선
   을 x축이라고 하고, 세로선을 y축이라고 하는 경우가 많아.

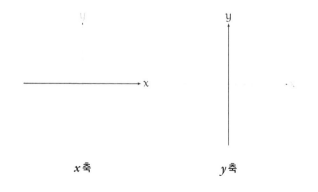

x축 y축

노나 이거, 외워요? 외울… 까요?

나 x축, y축이라는 이름을 외워야 하냐고? 음, 그러면 좋지. 하지만 앞으로 자주 등장할 테니까 자연스럽게 외우게 될 거야.

노나 암기… 암기하는 게 좋을까요?

나 가로선은 보통 x축, 세로선은 y축이라고 많이 부르지만, 반드시 그렇게 불러야 하는 건 아니야. 다른 이름을 붙일 수도 있어. 상황에 따라 달라질 수 있지. 중요한 건 기준이 되는 선이 두 개가 있고, 거기에 각각 이름을 붙인다는 점이야. 여기까지는 대충 이해가 가?

노나 네, 괜찮아요.

나 괜찮다니 다행이지만, 잘 모르겠다거나 무슨 뜻인지 전혀 모르겠다 싶을 때는 내가 말하는 도중에라도 괜찮으니까 언제든지 말해. 알았지?

노나 지금은… 괜찮아요.

나 여기 보면 x축과 y축이 교차하고 있지? 이 두 선이 교차하는 점을 원점이라고 해. 원섬은 알파벳 O로 표시하는 경우가 많아.

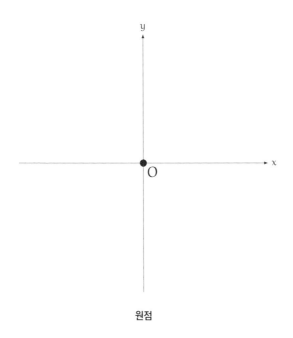

원점

나 원점에서 x축의 오른쪽으로는 숫자 1, 2, 3,…을 붙이고, 왼쪽으로는 숫자 −1, −2, −3,…을 붙여. 그리고 원점에는 숫자 0을 표시하지. 이렇게 붙인 숫자가 x좌표가 돼. 마찬가지로 이번에는 원점에서 y축의 위쪽에 숫자 1, 2, 3,…을 붙이고, 아래쪽에는 숫자 −1, −2, −3,…을 붙여. 이게 y좌표가 되는 거지.

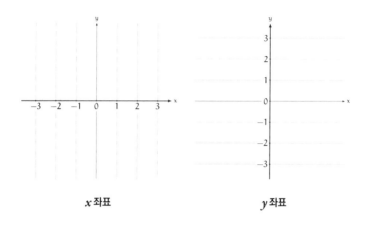

x좌표   y좌표

노나 거기까진…, 알겠어요.

나 아까 그래프를 종이에 그린다고 했는데, 그건 어쩌다 보니
지금 우리가 보고 있는 게 '종이'라서 그래. '종이'에는 끝이
있지만, 사실 그래프에는 끝 같은 게 없어. 상하, 좌우 어디
로든 한없이 뻗어 있다고 생각했으면 해.

노나 무한히요?

나 그래! 무한히 이어져 있다고 생각했으면 해. 그 점을 분명
히 하기 위해 수학에서는 '종이'가 아니라 평면이라는 표현
을 사용해. 평면은 한없이 펼쳐지거든. 그야말로 뭐든지 그
릴 수 있는 '무한한 캔버스'인 셈이지!

노나 아…, 무한한 캔버스!

그 말에 노나가 고개를 번쩍 들더니 두 눈을 반짝였다.

나 그래, 무한한 캔버스. 평면은 그 어떤 큰 것도 자유롭게 그릴 수 있는 공간인 거야.

노나 그런데… 무한한 캔버스가 눈에 보이나요?

나 그건 어려운 질문이네. 수학에서 말하는 평면이란 것은 현실 세계에 존재하는 것이 아니니까 그런 의미에서는 눈에 보이지 않지. 그저 그러한 평면의 일부를 잘라내어 종이나 책장에 다양한 그림을 그리고는 '이걸 평면이라 생각하자!'라고 우리끼리 약속하는 거지.

노나 눈에 보이지 않는데도 그걸 그릴 수 있다니….

나 노나, 너 혹시 그림 그리는 걸 좋아해?

노나 네! 많이 좋아해요!

유리 얘가 얼마나 그림을 잘 그리는데!

나 그래? 노나는 그림을 잘 그리는구나.

그러자 노나가 고개를 살짝 끄덕였다.

나 노나, 넌 평소에 뭘 그려?

노나 꽃이나 구름이나…. 뭐, 이것저것이요….

나 그럼 혹시 눈에 보이지 않는 존재 같은 것을 그려 본 적 있어?

노나 도깨비 같은 거요?

나 뭐, 도깨비도 그렇고 상상 속 동물이라든가 이야기에 나오는 건물 같은 거. 그런 건 우리 눈에 보이지도 않고, 이 세상에 존재하지 않을지도 몰라. 하지만 그게 어떤 건지를 전달하기 위해 사람들은 그것들을 그림으로 그려. 똑같이 그릴 수는 없겠지만, 아무것도 없는 것보다는 훨씬 그 모습을 전달하기 쉬워지겠지. 그림이나 도표에는 그런 힘이 있어. 안 그래?

노나 유니콘의 뿔이 한 개인 것처럼….

나 그래, 바로 그거야. 똑똑하네.

노나 아뇨, 전… 머리가 나쁜걸요.

나 자신에 대해 그런 식으로 말하는 건 좋지 않아. 어쨌거나 우리는 그래프를 '종이'에 그리지만, 실제로는 무한히 이어져 있는 '평면' 위에 그린다고 보면 돼. x축과 y축, 이 두 개의 축이 존재하는 이러한 평면을 좌표평면이라고 하지. 혹시 좌표평면이라는 말을 들어본 적 있어?

노나 기억이… 안 나요.

나 음, 그럼 지금 외워볼까? 어려운 말 같지만, 그냥 하나의 이름일 뿐이야. 한번 좌표평면이라고 말해 봐.

노나 …?

유리 좌표평면.

나 그래, 유리처럼 소리 내서 한번 말해 봐.

노나 좌표… 평면?

나 그래. 방금 한 것처럼 새로운 용어나 아직 익숙지 않은 용어가 나왔을 때는 직접 소리 내어 말해 보는 것이 좋아. 용어에 익숙해지기만 해도 어렵다는 느낌이 줄어들거든.

노나 좌표평면….

나 그래, 예를 들어 친구를 처음 사귈 때도 먼저 이름부터 묻잖아. '넌 이름이 뭐야?' 하고 말이야. 그런 것과 비슷해. 앞으로 수학을 공부하다 보면 새로운 용어가 많이 나올 거야. 이제껏 들어 보지 못한 말이 엄청나게 나오겠지.

노나 다 외워야 해요….

나 맞아. 외워야 할 용어가 정말 많지. 하지만 그런 용어들은 친구들 이름 같은 거야. 그러니까 무조건 외워야 한다고 생각하지 말고 여러 번 입 밖으로 소리 내어 말해 보면서 익숙해지는 게 좋아.

노나 외워야…. 외우면 안 되나요?

나 외워서 안 될 거야 없지. 하지만 낯선 이름이나 얼굴을 보면 긴장하게 되잖아. 그러니까 무작정 외우려 들기 보다는 먼저 익숙해지는 게 중요하다는 거야.

노나 좌표평면….

나 노나, 넌 정말 내 말을 열심히 들어주는구나. 고마워.

노나 유리랑 약속했거든요….

유리 맞아!

노나 그래….

나 무슨 약속?

노나 비밀이에요….

노나는 이렇게 말하더니 살며시 미소를 지었다.

1-5 점을 그리다

나 노나, 넌 그림 그리기를 좋아한다고 했지?"

노나 네!

유리 얘, 진짜 잘 그려!

노나 잘 그리진 못해….

나 그림 그리는 걸 좋아한다면 '좌표평면에 도형을 그리는 것'
도 금세 배울 거야. 수학에서는 도형을 '점의 집합'으로 생각할 때가 많거든. 그러니까 $y = x$의 그래프를 생각하기에 앞서 먼저 '점'에 대해 생각해보자. '좌표평면에 점을 그리려면' 어떻게 해야 하는지 생각해보는 거야.

노나 그림도 잘 그리진 못하는데….

나 노나야, 있잖아. 지금부터 '좌표평면에 점을 그리는 것 다시 말해, 점을 찍는다는 것'이 어떤 의미인지 같이 생각해보자.

노나 네….

나 내가 좌표평면에 이렇게 점을 찍어 봤어. 원점에서 시작해서 오른쪽으로 1만큼 간 다음, 위쪽으로 2만큼 간 곳에 말이지.

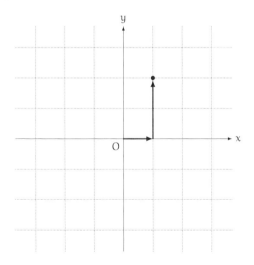

원점에서 오른쪽으로 1만큼 간 다음, 위쪽으로 2만큼 간다.

노나 네….

나 지금 찍은 점을 잘 봐. 원점에서 오른쪽으로 1만큼 간 다음, 위쪽으로 2만큼 간 곳에 있지? 이때 이 점의 x좌표는 1이야. $x = 1$이라고 쓸 수도 있지. 그리고 y좌표는 2가 돼. 이것도 마찬가지로 $y = 2$라고 쓸 수 있지. 그리고 x좌표와 y좌표를 (1, 2)로 나란히 쓸 수도 있어.

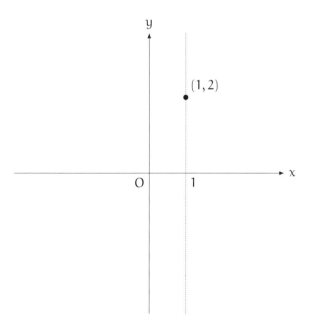

점 (1, 2)의 x좌표는 1이다
$x = 1$

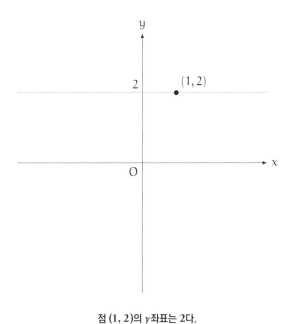

점 (1, 2)의 y좌표는 2다.
$$y = 2$$

노나 네….

나 x좌표와 y좌표, 이 두 개에 해당하는 수를 지정하면 좌표평면상에 점 하나가 정해져. 수를 지정하는 방법은 다양해. 우선 다음과 같이 말로 표현할 수 있지.

이 점의 x좌표는 1이고, y좌표는 2다.

아니면 x좌표와 y좌표에서 좌표라는 표현을 생략하고 x와 y만 써서, 이렇게 수식으로 나타낼 수도 있어.

이 점의 좌표는 $x = 1$이고, $y = 2$다.

이 밖에도 점의 좌표를 (x, y)처럼 간단히 적는 방법도 있어.

이 점의 좌표 $(x, y) = (1, 2)$다.

이걸 더 간단하게

이 점의 좌표는 (1, 2)다.

라는 식으로 쓰는 것도 가능해. 점을 A라고 명명했을 때는 좌표와 함께

점 A(1, 2)

로 표기하기도 해.

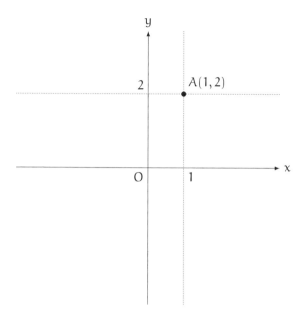

점 A의 좌표가 $x = 1$이고, $y = 2$일 때, A(1, 2)로 표기한다.

노나 네….

니 이처럼 표기법은 다양하지만, 이것들이 나타내는 의미는 전부 같아. 중요한 건 'x좌표와 y좌표, 이 두 개에 해당하는 수를 지정하면 좌표평면상에 점 하나가 정해진다는' 거야. 어때, 여기까지는 알겠어?

노나 …?

니 x좌표와 y좌표, 이 두 개에 해당하는 수를 지정하면 좌표평면상에 점 하나가 정해진다는 말 이해가는 거지?

노나 으음….

나 어, 이해되지 않는 모양이구나. 그렇게 어려운 내용은 아니라고 생각했는데.

유리 오빠, 도중에 말이 자꾸만 또 빨라졌다고.

나 내가 그랬어?

내가 노나를 쳐다보자, 노나는 잠시 머뭇거리다 이렇게 물었다.

노나 무슨 색이에요?

나 무슨 색이냐니…, 그게 무슨 뜻이야?

노나 평면은 '무한한 캔버스'라면서요. 그 캔버스에 무슨 색으로 그리는지 몰라서…. 무슨 색으로 그리는데요?

나 아, 점이 무슨 색이냐고?

노나 네, 점이 무슨 색이에요?

나　좌표평면상의 점이 무슨 색이냐…. 그런 생각은 해 본 적이 없는데.

유리　노나야, 무슨 색이지는 생각하지 않아도 돼.

노나　하지만 색이 없으면 눈에 보이질 않는걸.

유리　그냥 검은색이면 된다니까.

노나　아, 그렇구나….

나　유리야, 잠깐만. 저기, 노나야. 그러니까 넌 '무한한 캔버스'에 그림을 그리는 걸 상상하고 있었던 거구나. 맞지?

노나가 고개를 끄덕였다.

나　내가 점을 그린다고 해서 계속 점을 무슨 색으로 그리는 건지 생각하고 있었구나.

노나가 다시 한 번 고개를 끄덕였다. 그때 안경이 살짝 흘러내리자 노나는 양손으로 안경을 고쳐 썼다.

나　넌 계속 '네'라고 대답했지만, 혹시 내 이야기가 머릿속에 잘 들어오지 않았던 거 아니야?

노나 죄송해요….

나 난 이제껏 수학에서 좌표평면에 점을 찍는다는 게 어떤 의미인지 설명했는데, 넌 '점의 색깔'에 대해 생각했다는 건, 내 이야기를 전혀 듣지 않고 있었다는 말이네.

나는 최대한 상냥하게 말했다.

노나 죄송해요…. 무슨 색으로 그린다는 건지 궁금해져서….

나 그래. '점의 색'에 대한 네 발상 자체는 매우 흥미롭지만, 네가 그 점을 고민하고 있으면 내 설명이 전혀 귀에 들어오지 않았을 거야. 그러니까 어떻게 하는 게 좋을까?

노나 꼭 참고 설명을 들어야 해요….

나 그래도 되지만, '점이 무슨 색인지' 신경 쓰이기 시작했으니 어차피 네 신경은 온통 그쪽에 쏠려 있었을 거 아니야. 그러니 그럴 때면 내 이야기를 잠시 멈추는 편이 나을 것 같아. 지금부터는 네가 '잠깐만요.'라고 말만 하면 언제든 내가 이야기를 멈출게. 알았니?

노나 이야기를 멈춰도 된다고요?

나 그래, 괜찮아. 그러니까 주저하지 말고 언제든지 '잠깐만요.'라고 말해.

라고 혼내지

않을 거예요?

노나가 갑자기 굵은 목소리로 말을 하는 바람에 나는 화들짝
놀라고 말았다.

뭐? 아니야. 그런 소리를 왜 해. 혼내지도 않을 거야.

설명 중에 제가 멈출 수 있다는 거지요?

그래. 네가 '잠깐만요.'라고 말만 하면 말이야. 그러면 내가
설명을 멈추고 '왜 그래?'하고 물어볼게. 그러면 네가 '점이
무슨 색인지 궁금해져서요.'라고 말하면 돼.

내가… 멈춰도 되는구나.

그래, 얼마든지. 그러면 내가 '점의 색에 대해서는 이런 식
으로 생각하면 돼.'라고 말하거나 '점이 무슨 색인지는 나중
에 생각해보자.'라고 대답할게. 그런 식으로 대화를 나누면
너도 마음이 놓일 거야. 물론 나도 그렇고. 우리 둘이 서로
다른 생각을 하지 않고 같은 내용에 대해 하나씩 차근차근
생각해 나가는 거지. 여기까지는 알겠어?

네, 이해했어요.

유리 오빠, 어째 나한테 가르쳐 줄 때보다 자상하네.

나 어? 그, 그런가?

유리 그렇다니까.

나 뭐, 어쨌거나 노나, 넌 점이 무슨 색인지가 궁금했던 거지?

노나 '무한한 캔버스'에 점을 그리는데 검은색 하나만 쓰기는 아쉽잖아요. 보라색에 진한 녹색, 그리고 주홍색까지 다양한 색으로 가득 채웠으면 좋겠어요. 쇠라의 그림처럼요!

쇠라 〈그랑드 자트 섬의 일요일 오후〉

나 그렇구나. 확실히 그림을 그리려면 색에 대해 고민할 필요가 있지. 하지만 내가 지금 이야기하려고 하는 좌표평면상의 점은 색을 생각할 필요가 없어.

노나 색이 없어요?

나 색이 없다기보다는 색에 신경을 쓰지 않는다고 해야 할까. 아까 유리가 말한 것처럼 검은색이든 빨간색이든 아무 상관 없다는 거야.

노나 무슨 색이든 상관없다는 건가요?

나 그래. 좌표평면상에 점을 그릴 때 신경 쓰지 않아도 되는 점은 더 있어. 점의 색뿐만 아니라 점의 크기나 형태도 신경 쓸 필요가 없지.

노나 크기가… 없다고요?

나 자, 노나야. 이제 좌표평면에 대한 이야기로 돌아가도 될까?

노나 점이 보이지 않을 거예요…. 보이지 않게 될 거예요.

나 뭐라고?

노나 색도, 크기도, 형태도 없으면 아무리 많은 점을 그려도 보이지 않잖아요. 전 점이 보이지 않을 거예요.

유리 생각해보니 그렇네! 오빠, 수학에서 말하는 '점'이란 게 대체 뭐야?

나는 유리와 노나를 잠시 바라보며 고민했다.

나 음, 글쎄…. 지금은 점의 색이나 형태, 크기에 대해서는 생각하지 않을 거야. 굳이 따지자면 여기서 꼭 생각해야 하는 건 '점의 위치'지.

유리 점의 위치! 아하, 그렇구나.

노나 그래도 역시 보이지 않잖아요. 점이 보이지 않을 거예요.

나 노나, 넌 점이 눈에 보이는지 아닌지가 신경 쓰이는 거구나.

노나 제 생각이… 잘못된 건가요?

나 아니, 아니야. 현실 세계에서는 점의 색이나 형태, 크기가 없으면 당연히 눈에 보이지 않을 테니까. 점이 눈에 보일지 아닐지 신경이 쓰이는 네 마음 자체는 전혀 잘못된 게 아니야. 현실 세계에 존재하는 것들은 다양한 속성을 띠고 있지. 색이나 형태, 크기, 위치 같은 속성 말이야. 하지만 지금 우리는 '점'의 속성 중에서 단 하나, 즉 위치만을 생각해보려고 하는 거야.

노나 색은 신경 쓰지 않는다는 거지요?

나 그래. 좌표평면상에 놓인 점에 대해 생각할 때는 오로지 점의 위치에만 주목해. 그 위치를 두 개의 숫자를 이용해 나타내려고 하는 거지. 이 두 개의 숫자가 x좌표와 y좌표인 거지.

노나 네… 알겠어요.

다행이다.

나는 다행이라고 말하며 생각에 잠겼다.

정말 큰일이었다.

좌표평면상의 점에 대해 설명하려 하는데 도무지 진도가 나가질 않는다.

나는 원래 $y = x$ 그래프에 대해 설명하려고 했었다.

- 먼저 좌표평면에 대해 설명한 다음,
- 이를 구성하는 x축과 y축에 대해 설명하고,
- 그 두 가지가 실은 수직선이라는 점을 설명하고,
- 가장 단순한 도형으로서 점이 존재한다는 사실을 설명한 다음,
- 점의 x좌표와 y좌표를 설명하고,
- 두 가지를 나타내는 수를 묶은 (x, y)가 점과 대응한다는 점을 설명하고,
- x와 y의 관계가 그래프를 형성한다는 것을 설명하는 식으로….

이렇게 설명해 나갈 생각이었다. 그렇게 설명하면 '그래프로

서 그려진 직선'과 '$y = x$라는 수식'의 대응이 명확해진다. 그리고 '도형의 세계'와 '수식의 세계'가 대응하게 된다.

수학, 그중에서도 해석기하학에서는 이처럼 도형을 생각한다. 수식은 무미건조하고 지루해 보이지만, 수식을 사용하면 놀라울 정도로 다양한 도형을 그릴 수 있다. 지금은 설명을 위해 직선을 사용했지만, 리사주 도형이든 뭐든 얼마든지 그릴 수 있다….

이렇게 이야기할 생각이었다.

하지만 그 설명의 첫걸음에 해당하는 '점'에서부터 막혀 버렸다.

노나가 '점의 색'이라는 생각에 매여 버렸기 때문이다.

노나 …?

유리 오빠, 왜 그래?

나 ….

'하지만….' 하고 나는 골똘히 생각했다.

'점을 그린다.'라고 하면 점의 색이나 형태, 크기를 고민하고 싶어지는 것이 당연하다. 그것은 결코 나쁜 일이 아니며, 잘못된 것도 아니다.

게다가 노나가 '점의 색'에 신경을 쓴 덕분에 내 머릿속에서도 좀 더 명확해진 부분이 있다.

바로 해석기하학에서는 점의 '위치'를 중요하게 여긴다는 것이다. 도형이 지닌 수많은 속성 가운데 '위치'에 주목하고 있는 것이다. 수학을 배우면서 언제부턴가 이러한 점을 당연하게 여기게 되었지만, 그것은 결코 당연한 일이 아니다.

'점'이라는 표현 하나만 하더라도 사람마다 그 의미가 조금 다를 수 있다. 그러다 보면 수학에서 생각하고자 하는 내용에서 벗어나 버리고 만다.

그렇기에….

유리 오빠, 뭐해! 정신 차려!

나 아, 미안해. 뭘 좀 생각하느라.

노나 좌표평면….

나 그래, 다시 좌표평면에 대한 이야기로 돌아가 볼까?

1-7 상하좌우

나 좌표평면에 점 $(1, 2)$를 그리고, 이것을 점 A라고 하자. 그러면 점 A의 x좌표는 1이고, y좌표는 2지?

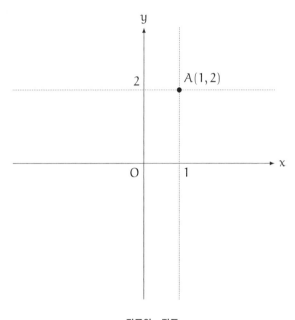

_x_좌표와 _y_좌표

노나 점의 색은 신경 쓸 필요가 없다고 했지요?

나 그래, 맞아. '점의 색'은 신경 쓰지 않을 거야. 이렇게 점의
위치를 정하고 나면 _x_좌표와 _y_좌표에 해당하는 두 개의 숫
자가 정해지지. 이번에는 다른 점 B를 그려 보자. 섬 B(2, 1)
일 경우, 점의 위치는 여기가 돼.

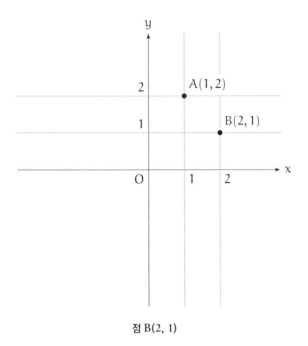

점 B(2, 1)

나 점 C(2, −1) 같은 점도 그릴 수 있어.

유리 마이너스면 아래쪽이겠네.

나 맞아. 점 C의 y좌표는 −1이야. y좌표가 마이너스, 즉 0보다 작으면 점 C는 x축보다 아래에 위치하게 돼.

노나 아래….

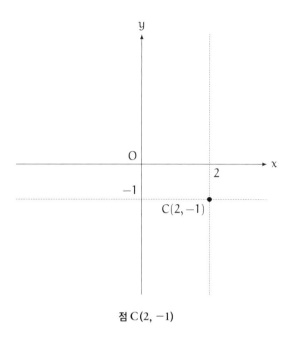

점 C (2, −1)

나 점이 x축보다 위쪽에 있으면 그 점의 y좌표는 0보다 커. y 좌표가 0보다 큰 것을 $y > 0$이라고 나타낼 수 있어. 반대로 점이 x축보다 아래쪽에 있으면 그 점의 y좌표는 0보다 작은 거지. 이건 $y < 0$이라고 표시할 수 있어.

- 점이 x축보다 위쪽에 있을 때, $y > 0$이다.
- 점이 x축보다 아래쪽에 있을 때, $y < 0$이다.
- 그리고 점이 x축 선 위에 있을 때….

유리 x축 선 위에 있을 때는 $y = 0$이지?

나 맞아. 점이 x축 선 위에 있을 때, 즉 점이 x축에 정확히 겹쳐질 때는 그 점의 y좌표가 0과 같기 때문에 $y = 0$이라고 표시할 수 있어. 예를 들어 점 $D(2, 0)$은 x축 선 위에 있지.

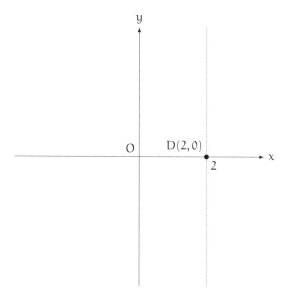

점 $D(2, 0)$은 x축 선 위에 있다.
$$y = 0$$

나 여기까지는 알겠어?

노나 네… 괜찮아요.

나 x좌표도 마찬가지라고 보면 돼. 단지 이번에는 상하가 아니라 좌우를 따지는 거지.

- 점이 y축보다 오른쪽에 있을 때, $x > 0$다.
- 점이 y축보다 왼쪽에 있을 때, $x < 0$다.
- 점이 y축에 겹쳐질 때(y축 선 위에 있을 때), $x = 0$이다.

유리 예를 들어 (2, 1)과 (−2, 1) 그리고 (0, 1)처럼 말이지?

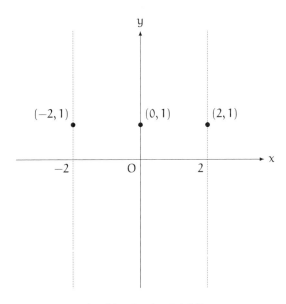

점 (2, 1)은 y축보다 오른쪽에 있고,
점 (−2, 1)은 y축보다 왼쪽에 있으며,
점 (0, 1)은 y축 선 위에 있다.

나 그렇지. x좌표가 0보다 큰 점, 0보다 작은 점, 0에 해당하는 점이 예가 될 수 있어. 노나, 넌 지금 유리가 든 예가 이해가 가?

노나 네… 괜찮아요.

나 참, 그렇지. 노나, 네가 들으면 좋을 만한 말을 하나 선물해 줄게.

노나 선물… 이요?

나 그래, '예시는 이해의 시금석'이라는 말이야.

1-8 예시는 이해의 시금석

노나 예시…?

나 예시는 이해의 시금석.

노나 그 말 어려워요….

노나는 베레모 아래로 보이는 앞머리를 만지작거리기 시작했다.

유리 예시는 이해의 시금석?

노나 예시는… 이해의 시금석….

유리 간단히 말하자면 예시를 만들라는 소리구나!

나 그래, '예시는 이해의 시금석'이라는 건, 자신이 뭔가를 이해하고 있는지 확인하고 싶을 때는 구체적인 예를 만들어 보는 것이 좋다는 말이야. 뭔가를 배웠다고 생각해봐. 내가 그것을 이해했는지, 그리고 제대로 이해한 것이 맞는지 궁금할 때는 배운 내용의 구체적인 예를 만들어 보는 거지. 그랬는데 만약에,

- 구체적인 예를 만들 수 있으면 이해한 것이고,
- 구체적인 예를 만들지 못하면 이해하지 못한 것이지.

노나 이게… 중요한가요?

나 그럼, 중요하지. 수학뿐만이 아니라 다른 일을 할 때도 마찬가지야. 네가 책을 읽었다거나 다른 사람에게 어떤 이야기를 들었다고 치자. 그때 '내가 지금 들은 내용을 제대로 이해하고 있는 건지' 확인하고 싶어실 수 있잖아. 그릴 때 '예시는 이해의 시금석'이라는 말을 떠올리며 앞서 말한 방법을 사용해 보는 거지.

유리 즉, 예시를 만들어 보라는 거지!

노나 꼭 그래야 하는… 건가요?

노나가 오른쪽 눈을 손끝으로 비비며 물었다.

나 아니, 꼭 예시를 만들어야 하는 건 아니야. 꼭 그래야만 하
는 규칙이나 법 같은 것도 없고. 무조건 예시를 만들어야만
하는 것은 아니지. 단지 들은 내용을 이해하고 싶다면, 그리
고 내가 제대로 이해했는지 확인해 보고 싶다면 예시를 만들
어 보라는 권유인 거지.

노나 예시를 만들어라….

나 예시를 만드는 건 재미있어. 그리고 '제대로 이해했는지 스
스로 확인해 보는 것'은 매우 중요하기도 해. 좀 전에도 지금
까지 점과 좌표에 대한 이야기를 했기 때문에 구체적인 점
을 예로 들어 본 거야.

노나 점은 이제 알겠어요.

나 그렇구나. 그럼 한번 퀴즈를 내 볼게. 좌표가 (2, 2)인 점은
위치가 어디일까?

노나 여기요….

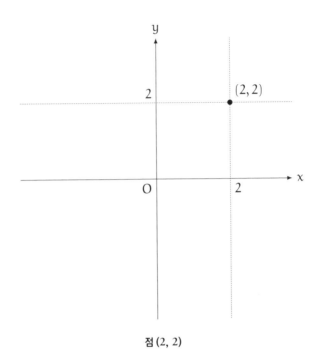

점 (2, 2)

나 맞아. 지금 한 것처럼 퀴즈를 내고 답을 해 보는 것도 자신이
  제대로 이해했는지 확인해 볼 수 있는 좋은 방법이야.

유리 난 퀴즈가 좋더라.

노나 예시를 만든다….

나 그럼 한 번 더 내 볼까. 점$(-1, -1)$의 위치는 어디일까?

노나 여기요….

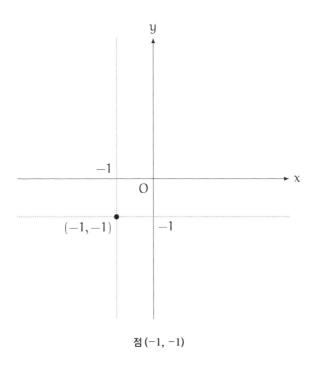

점 (−1, −1)

나 맞아, 정답이야! 여기서 또 다른 퀴즈! 점(2.5, 2.5)의 위치
는 어디일까?

노나 여기요….

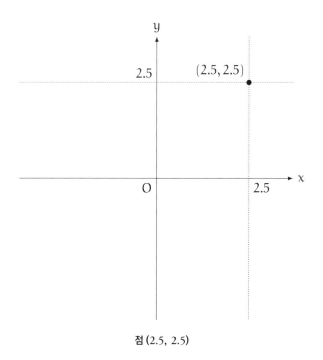

점 (2.5, 2.5)

유리 아하, 나 이거 뭔지 알았어!

노나 어? 뭐가?

나 점(2, 2)과 점(−1, −1) 그리고 점 (2.5, 2.5)처럼 노나, 너 이제 이런 식으로 점을 그릴 수 있지?

노나 네….

나 시금 말한 점들은 모두 'x좌표와 y좌표가 같은 점'들이야. x와 y가 같지. 즉, x = y야.

노나 네?

나 흥미롭게도 'x좌표와 y좌표가 같은 점'은 전부 이 직선 위
에 놓인다는 것을 알 수 있어.

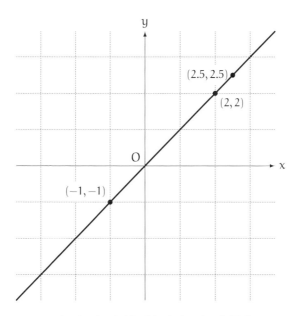

x좌표와 y좌표가 같은 점'은 이 직선 위에 위치한다.

유리 역시 그렇군!

나 여기까지는 알겠어?

노나 네….

나 여기 이 기울어진 직선 위에는 무수히 많은 점이 있어. 하

지만 그 어떤 점을 고르든 간에 전부 'x좌표와 y좌표가 같은 점'이 돼. 그리고 'x좌표와 y좌표가 같은 점'은 반드시 이 직선 위에 놓이지. 그래서 이 직선을 $x = y$라는 식을 이용해 나타낼 수 있는 거야. $x = y$로 쓰든 $y = x$로 쓰든 상관없어. 중요한 건 단 세 기호 $y = x$만으로 이 직선을 나타낼 수 있다는 점이야. 정말 대단하지 않아? 무수히 많은 점으로 이루어진 선을 고작 세 기호로 된 수식 하나로 표현할 수 있다니 말이야!

유리 오빠, 말이 또 빨라졌다고!

나 어이쿠, 이런!

노나 무수히 많은 점….

나 퀴즈를 하나 더 내 볼게. 점(1000, 1000)의 위치는 어디일까?

노나 그건… 무리예요.

나 뭐가 무리야?

노나 그리지 못하겠어요….

나 그렇구나. 이 종이에는 (1000, 1000)이라는 점을 표시할 수가 없지. 1000이라는 숫자는 너무 크니까. x좌표와 y좌표가 너무 커서 이 종이에 다 표시할 수 없을 거야.

노나 그리지 못해요….

나 이 종이에 표시할 수도 없고, 눈에도 보이지 않겠지. 하지만 (1000, 1000)이라는 점의 위치가 어디인지 노나, 넌 '알고' 있지?

노나 오른쪽에서 한참 위쪽이요….

나 맞아. 눈에 보이지는 않지만, 넌 잘 알고 있어. 점(1000, 1000)은 이 종이에 표시할 수 없지. 점의 구체적인 위치를 표시할 수 없으니까 눈으로 확인할 수도 없어. 하지만 네 머릿속으로 그려 볼 수는 있지. 점의 위치는 오른쪽에서 한참 위쪽이 될 거야. 실제로는 표시하지 못해도 그 위치를 상상할 수는 있지. 안 그래?

노나 네, 할 수 있어요.

나 그리고 점(1000, 1000)은 이 직선 위에 놓이겠지.

노나 네.

유리 $x = 1000$, $y = 1000$이니까 $x = y$라서 말이지?

나 맞아. 노나, 넌 지금 유리가 한 말이 이해가 가?

노나 네… 알아요.

나 지금까지의 과정을 통해 노나 넌 매우 중요한 점을 배운 거야.

노나 중요한 점이요?

유리 중요한 점을 배웠다고?

나 응. 바로 '도형의 세계'를 '수식의 세계'로 옮기는 사고 말이야.

유리 '도형의 세계'를 '수식의 세계'로 옮긴다고?

노나 …?

나 우리는 지금까지 '하나의 점'을 '두 개의 숫자로 구성된 조합'으로 나타냈지? x좌표와 y좌표의 조합인 (x, y)로 말이야.

노나와 유리가 가만히 고개를 끄덕였다.

나 즉, '도형의 세계'의 것을 '수식의 세계'로 옮겼다고 말할 수 있지.

그 말에 노나와 유리가 다시 한 번 고개를 끄덕였다.

나 그리고 '도형의 세계'에서 말하는 'x축보다 위에 있다'라는 표현을 '수식의 세계'의 $y > 0$이라는 수식으로 바꾸는 것도 했지. 더 나아가 '기울어진 직선'을 '$y = x$'라는 수식으로 나타낼 수도 있게 되었잖아. 얼핏 보기에는 전혀 상관이 없는 것처럼 보이지만, 실제로는 전부 같아. '도형의 세계'의 것을 '수식의 세계'로 옮겨 온 거지.

《도형의 세계》		《수식의 세계》
점	←----→	(x, y)
x축보다 위쪽에 있다	←----→	$y > 0$
y축보다 왼쪽에 있다	←----→	$x < 0$
기울어진 직선	←----→	$y = x$

나는 진지한 표정으로 듣고 있는 두 아이에게 내 이야기가 제대로 전달될 수 있도록 차근차근 설명했다.

말이 또 빨라지지 않게 주의하면서.

나 이런 식으로 '도형의 세계'에 나오는 표현을 '수식의 세계'에서 쓰이는 표현으로 바꾸어 생각하는 수학이 있어. 이러한 수학을 해석기하학이라고 부르기도 해.

유리 해석기하학.

노나 해석… 기하학.

나 그래, 해석기하학.

노나 외워야 하나…. 외울까요?

나 아니, 외우느냐 마느냐 하는 그런 이야기가 아니야. 해석기하학이라는 용어 그 자체를 외우기보다 '점을 좌표로 표시한다.'라는 근사한 아이디어를 이해하는 것이 더 중요해.

노나 저기, 잠깐만요!

나 응, 그래. 잠깐만을 외치다니 무슨 일이야?

노나 아이디어를 이해한다는 게 무슨 의미인가 싶어서….

나 뭐…?

나는 노나의 질문에 말문이 막혔다.

엄마 얘들아! 간식 먹고 하렴!

유리 네! 지금 갈게요!

그때 부엌에서 엄마가 '간식을 먹으라고 부르는 소리'가 들렸다.

하지만 나는 여전히 아무런 대꾸도 하지 못했다.

아이디어를 이해한다는 게 무슨 의미냐고?

"있느냐 없느냐는 보이느냐 아니냐에 따라 정해지는가?"

54쪽에 실린 쇠라의 〈그랑드 자트 섬의 일요일 오후〉는 시카고 미술관이 소장하고 있으며, 공공저작물로 개방된 그림이다.

- Georges Seurat, A Sunday on La Grande Jatte, The Art Institute of Chicago, CC0 Public Domain Designation, 1884.

제1장의 문제

● ● ● **문제 1-1(점의 좌표 읽기)**

점 A의 좌표 $(x, y) = (2, 1)$입니다. 다른 다섯 개의 점 B, C, D, E, F의 좌표를 각각 읽어 보세요.

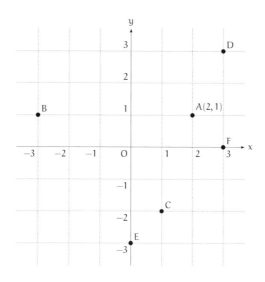

(해답은 p.305)

● ● ● **문제 1-2(좌표평면에 점 그리기)**

좌표평면에 다섯 개의 점 P, Q, R, S, T를 표시하세요.

P(3, 1)

Q(1, 3)

R(−1, −1)

S(−2, 1)

T(2, 0)

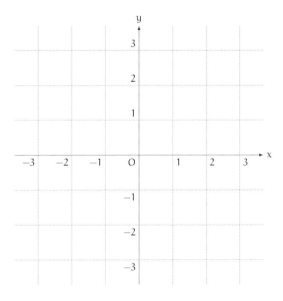

(해답은 p.307)

●●● **문제 1-3(일부러 틀려 보기)**

점(2, 1)을 표시할 때 ①~⑤와 같은 실수를 저지르면 점이 좌표 평면의 어디에 표시되어 버릴까?

① 점(2, 1)을 그릴 때, x좌표와 y좌표의 위치를 반대로 착각하고 말았다.

② 점(2, 1)을 그릴 때, x좌표를 -2로 잘못 보고 말았다.

③ 점(2, 1)을 그릴 때, y좌표를 -1로 잘못 보고 말았다.

④ 점(2, 1)을 그릴 때, x좌표에 1을 더하고 말았다.

⑤ 점(2, 1)을 그릴 때, y좌표에서 3을 빼고 말았다.

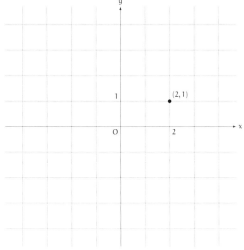

(해답은 p.309)

문제 1-4(오셀로 게임에서 말의 위치)

가로 여덟 칸, 세로 여덟 칸인 오셀로 게임 보드에 말을 놓고 게임을 한다. 게임 보드에서 칸의 위치는 알파벳(a, b, c, d, e, f, g, h)과 숫자(1, 2, 3, 4, 5, 6, 7, 8)를 조합해서 나타낸다. 예를 들어 왼쪽 위쪽 가장자리에 해당하는 ①은 a1로 표시한다. 그렇다면 ②~⑥의 위치는 각각 어떻게 표시해야 할까?

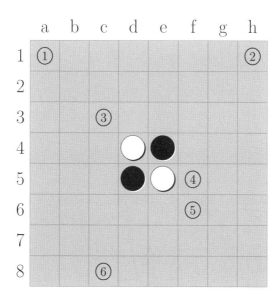

(해답은 p.314)

제2장

직선에 대해 알아보자

"직선이란 무엇일까?"

엄마가 부르는 소리를 들은 우리는 나가서 식탁에 앉았다.

나와 사촌 동생인 유리 그리고 유리와 같은 반 친구인 노나까지 모두 세 사람.

하지만 식탁에는 딸기 쇼트케이크가 담긴 접시 두 개가 놓여 있었다.

유리 맛있겠다!

엄마 맛있단다. 어서 먹으렴. 곧 홍차도 내올게.

노나 잘 먹겠습니다.

나 엄마, 내 거는?

엄마 너도 먹을 거야? 넌 단 케이크는 싫어하지 않았어?

나 아니, 그래도 간식 먹으라고 불러 놓고 내 것만 없는 건 좀….

엄마 과자라도 먹을래?

나 사람을 너무 차별하는 거 아니야?

엄마 농담이야. 네 몫도 챙겨 놓았으니까 걱정하지 마.

엄마는 부엌에서 내 몫의 케이크를 하나 더 가져왔다.

엄마는 손님이 와서 그런지 신이 나셨다.

나 엄마, 그러지 좀 마.
엄마 어머, 내가 뭘?
나 뭐긴….
노나 정말 맛있어요.

노나는 수줍게 웃더니 맛있다는 듯 케이크를 먹었다.

엄마 이 귀여운 손님은 이름이 노나라고 했나?

엄마의 말에 노나가 고개를 끄덕였다.

나 노나야, 모자 계속 쓰고 있으면 불편하지 않아?

내가 모자를 보며 이렇게 말하자 노나는 베레모를 양손으로 움켜쥐고는 고개를 가로저었다.

엄마 베레모는 집 안에서 써도 실례가 아니니까 괜찮아. 노나한테 그 모자가 정말 잘 어울리는걸.

노나 아… 고맙습니다.

엄마 천천히 놀다 가렴.

엄마는 이렇게 말하고 부엌으로 갔다.

노나는 그런 엄마의 모습을 줄곧 눈으로 쫓았다.

나 그러고 보니 노나야, 너 아까 '이해한다.'라는 게 어떤 의미
인지 잘 모르겠다고 했었지.

노나 네….

나 아까 하나의 점을 (x, y)라는 숫자의 조합으로 나타낸다고
했잖아. 그리고 도형은 그런 점의 집합이기 때문에 숫자를
사용해서 도형을 표시할 수 있다는 건 정말 멋진 생각이야.
그 점은 너에게 잘 전달이 되었을까?

노나 어느 정도는요….

나 다행이다. 좌표평면에 대해 이야기하다 보면 어려워 보이
는 용어나 수식에 정신이 팔리기 쉽지만, 그보다 중요한 점
을 짚고 넘어가야 할 것 같아. 점을 숫자의 조합으로 나타
낼 수 있다는 점, 그리고 도형을 수식으로 표현할 수 있다
는 점 말이야.

유리 오빠는 툭하면 '두 개의 세계'에 대해 이야기를 하더라.

유리가 포크로 케이크를 두 조각으로 자르며 이렇게 말했다.

나 뭐?

유리 '도형의 세계'와 '수식의 세계' 말이야.

나 아, 맞아. 전혀 다른 것 같은 '두 세계' 사이의 연결 관계를 찾는 것이 수학의 가장 재미있는 점 중 하나거든.

2-2 점과 직선

유리 나는 '점이 위치를 나타낸다.'라는 점이 흥미로웠어!

나 그 점이 흥미롭기는 하지.

유리 노나가 '크기가 없으면 점이 눈에 보이지 않는다.'라고 말한 점도 흥미로웠어.

나 맞아.

노나 내가 맞힌 건가…. 제 말이 맞았어요?

나 아니, 이건 맞혔나 못 맞혔냐 하는 문제가 아니라 기발한 생각이었다는 뜻이야.

유리 앗! 나 대단한 사실을 발견했어!

나 뭔데?

유리 크기가 없으면 점이 눈에 보이지 않는다고 했잖아. 그러면 직선도 보이지 않겠네?

노나 직선도?

나 아, 굵기가 없으니까?

유리 점에는 크기가 없고, 직선에는 굵기가 없잖아. 안 그래?

나 그러네. 어디까지나 수학에서 말하는 직선에 해당하는 말이지만, 직선에 굵기가 없으니까.

노나 직선….

유리 그러니까 점이 보이지 않는 것처럼 직선도 보이지 않겠지!

나 애초에 눈에 보이느냐 아니냐가 중요한 게 아니라니까.

노나 보여요….

나 뭐?

유리 노나야, 굵기가 없으면 직선도 눈에 보이지 않아.

노나 하지만 직선에는 끝이 있는걸.

유리 끝?

노나 이런 거 말이야.

노나는 식탁 가장자리에 손을 올려놓았다.

유리 그게 무슨 소리야?

나 그러게. 뭐지?

그러자 노나가 식탁 가장자리를 손끝으로 주르륵 훑었다.

노나 내 말이 맞지?
나 노나는 지금 경계를 말하고 싶은 것 같은데.
유리 경계?

2-3 경계

나 경계, 끝, 가장자리. 뭐라고 부르든 상관없지만, '어떤 것과 어떤 것의 경계'에는 굵기가 없어. 하지만 경계는 분명 존재하고, 눈으로 봤을 때 '여기에 경계가 있다.'라고 알 수 있지. 노나, 넌 그 말이 하고 싶었던 거 아니야?

노나 보여요…. 보인다고요.

유리 으음, 확실히 경계는 눈으로 확인할 수 있지만 그걸 직선으로 볼 수 있을까? 난 좀 의문이 드는데.

나 '직선이 눈에 보인다.'라는 것이 어떤 것인지 고민하기 시작하니까 어쩐지 수학에서 점점 더 멀어지는 기분이 드네.

노나 제 생각이… 틀렸나요? 틀린 걸까요?

나 아니, 옳고 그름을 따지는 게 아니야. 노나, 네 생각은 정말 흥미로워. 단지 수학에서 직선이라는 말을 사용할 때의 의미와 조금 다를 수 있다는 거야.

조금 다를 수 있다고 말한 뒤, 나는 묘한 기분에 휩싸여 주변을 둘러보았다.

식탁이 보였다.

케이크가 담긴 접시가 보였다.

식탁에서 고개를 들자 창문이 보였다.

여기까지가 식탁이고, 여기서부터는 식탁이 아니다.

여기까지가 접시이고, 여기서부터는 케이크다.

여기까지가 벽이고, 여기서부터는 창문이다.

어떤 물체가 그 물체로 '보이는' 것은 경계가 있기 때문이다.

만약 경계가 없어서 어디까지 빛이 닿고 있으며 어디서부터 그림자인지 구분되지 않고 그냥 두루뭉술하게 색이 퍼져 있다면 그 무엇도 '존재하는 것'처럼 보이지 않을 것이다.

'끝은 있잖아요.'라고 한 노나의 말 한마디에 주변을 인식하는 내 지각 수준이 달라지고 말았다.

시야에 들어오는 모든 사물의 경계가 의식되기 시작했다. 마치 방 안에 있는 모든 물체가 자신의 경계는 여기라고 주장하는 듯한 기분이었다.

수학에서도 그런 건가….

엄마 와서 이것 좀 들고 가렴!

엄마가 준비한 홍차 세 잔을 옮기면서 나는 다시 생각에 잠겼다.

수학에서도 경계를 분명히 의식하긴 하는구나.

나 수학에서도 경계를 의식하긴 해. 경계로서의 직선을.
유리 응? 무슨 말이야? 우아, 향이 정말 좋다!
엄마 다르질링이란다.
노나 다르질링?
엄마 다르질링은 인도의 유명한 홍차 생산지의 이름이야. 인도는 세계 최대의 홍차 생산국이거든.
노나 아, 인도….

엄마 다르질링에서 북쪽으로 올라가면 국경 너머에 네팔이 있어. 네팔에서도 맛있는 홍차가 생산되지.

나 예를 들어 $y = x$라는 직선을 하나 그어 보자.

엄마 그러지 좀 마.

나 응? 뭐가?

엄마는 아무것도 아니라며 쓴웃음을 짓고 부엌 안으로 다시 들어갔다.

나 예를 들어 $y = x$라는 직선을 하나 긋는다고 해 봐. 그리고 이 직선에 L이라는 이름을 붙이는 거지. 그러면 이 직선을 경계로 좌표평면은 둘로 나뉘어.

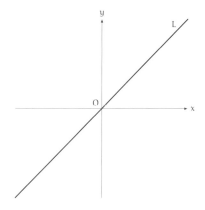

$y = x$로 나타낸 직선에 L이라는 이름을 붙인다.

유리 둘로?

나 그래, 맞아. 이 직선의 위쪽에 해당하는 영역과 아래쪽에 해당하는 영역으로 말이야.

유리 그럼 직선까지 포함해서 세 개잖아.

나 어…. 듣고 보니 그러네.

노나 영역?

나 그 세 영역을 각각 이런 수식으로 나타낼 수 있어.

● $y = x$는 '직선 L'을 나타낸다.

● $y > x$는 '직선 L의 위쪽 영역'을 나타낸다.

● $y < x$는 '직선 L의 아래쪽 영역'을 나타낸다.

유리 흐음….

나 좌표평면상의 놓인 점을 (x, y)로 나타냈다고 하자. $y = x$라는 조건을 충족하는 경우는 그 점이 '직선 L'의 선 위에 있을 때지?

유리 예를 들어 $(x, y) = (1, 1)$처럼.

나 맞아. 그리고 '직선 L'의 선 위에 놓인 점은 전부 $y = x$라는 조건을 충족하지. 그러니까 $y = x$는 '직선 L'을 나타내고 있다고 말할 수 있어.

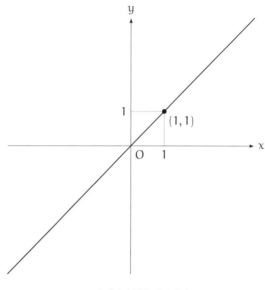

$y = x$는 '직선 L'을 나타낸다.

나 좌표평면상의 점(x, y)가 $y > x$라는 조건을 충족하는 경우
  는 그 점이 '직선 L보다 위쪽 영역'에 있을 때야.

유리 y좌표가 더 크다는 건 $(x, y) = (1, 2)$ 같은 경우를 말하지.

나 맞아. 점$(1, 2)$뿐만이 아니야. '직선 L의 위쪽 영역'에 있는
  점은 전부 $y > x$라는 조건을 충족해. 그러니까 $y > x$는 '직
  선 L의 위쪽 영역'을 나타낸다고 할 수 있어.

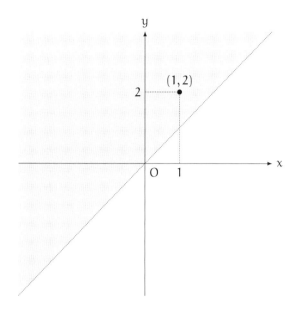

$y > x$는 '직선 L의 위쪽 영역'을 나타낸다.
(경계는 포함하지 않는다.)

나 그리고 점(x, y)가 $y < x$ 라는 조건을 충족하는 경우는 그 점
이 '직선 L의 아래쪽 영역'에 있을 때야.

유리 y좌표가 더 작다는 건 $(x, y) = (1, -2)$ 같은 경우를 말
하고.

나 맞아. 점$(1, -2)$ 외에도 '직선 L의 아래쪽 영역'에 있는 모
든 점은 전부 $y < x$라는 조건을 충족해. 그래서 $y < x$는 '직
선 L의 아래쪽 영역'을 나타낸다고 할 수 있지.

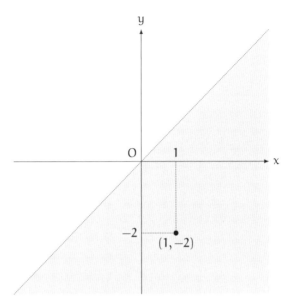

$y < x$는 '직선 L의 아래쪽 영역'을 나타낸다.
(경계는 포함하지 않는다.)

유리 '도형의 세계'와 '수식의 세계'네!

나 그렇게 되겠지. 직선 L에 해당하느냐 아니면 그 위쪽 영역
이나 아래쪽 영역에 속하느냐 하는 문제는 '도형의 세계'에
해당하니까. 그리고 $y = x$냐 아니면 $y > x$ 또는 $y < x$냐 하는
건 '수식의 세계'에 해당하는 문제고 말이야.

노나 그걸 암기해야 하나요? 암기할까요?

나 아니, 이건 암기하느냐 마느냐 하는 문제가 아니야. 구체적

인 수식을 암기하는 게 아니라, 등식이나 부등식을 사용해서 영역을 표시한다는 점을 이해하는 게 중요한 거야. 이러한 수식들이 나올 때마다 무작정 암기하려고 드는 건 그다지 의미가 없어. 아니, 의미가 없다는 말은 좀 지나치지만⋯. 수식을 통째로 암기한다고 해도 그 수식 자체를 이해하지 못한다면 결국 의미가 없다고 봐야지. 예를 들어 $y > x$는 반평면을 나타내는데⋯.

유리 또, 또! 오빠, 말이 또다시 빨라지잖아!

나 으윽⋯.

유리에게 또 한 소리 듣고 말았다.

설명하다 보면 나도 모르게 말이 자꾸만 빨라지는 모양이다.

이야기에 집중하다 보면 유독 더 그런 것 같다.

이러면 곤란한데. 중요한 부분을 설명할 때 말이 빨라지면 어쩌자는 거야.

유리 오빠, 반평면이 뭐야?

나 평면 전체가 아니라, 직선으로 나뉜 절반의 부분을 뜻하는 말이야. 예를 들자면 이런 것처럼.

반평면

유리 반평면에 경계는 포함되지 않아?

나 그건 경우에 따라 달라. 포함할 때도 있고 아닐 때도 있고.
그래서 반평면이 나왔을 때는 경계를 포함하는지 아닌지를
확실히 해 두는 것이 좋아. 오해가 생기면 안 되니까.

유리 흐음….

나 반평면 말고 반직선이라는 것도 있어. 직선 전체가 아니라
직선 위의 한 점을 기준으로 나뉜 절반의 부분을 가리키는

말이지.

유리 반직선이라….

반직선

노나 암기하면 안 돼요?

나 어?

노나 $y > x$는 암기하면 안 되나요?

나 직선 $y = x$의 위쪽에 있는 반평면은 $y > x$로 나타낼 수 있다. 이 내용을 암기하면 안 되냐고?

노나가 고개를 끄덕였다.

나 음… 외워서 안 될 거야 없지. 의미를 이해한 다음에 외우는 건 괜찮아. 하지만 처음부터 무슨 뜻인지 생각하지 않고 무작정 내용을 통째로 암기하려 드는 건 바람직하지 않아. 그리고 의미를 이해한 후에 외운다면 그건 더 이상 암기라고 말할 수 없지. 적어도 통째로 암기하는 건 아닐 거야.

유리 암기의 의미부터 정의한 다음에 이야기하는 게 어때?

나 노나, 넌 암기 여부가 신경 쓰이는 모양이구나.

노나 시험 점수가 낮으니까요….

나 시험 점수가 낮으니까 들은 내용을 전부 암기해서 점수를 올리고 싶다는 뜻이야?

노나 네….

나 네 마음은 알겠어. 공부한 내용을 외우는 건 중요하지. 하지만 수학은 암기 과목이 아니야. 의미를 정확히 이해하지 않으면 아무리 공부를 해도 머릿속에 남지 않는다고.

노나 다른 건가….

나 뭐?

노나 공부와 암기는 다른가요? 다른 건가요?

유리 노나야, 공부는 암기가 전부가 아니야.

나 유리야, 잠깐만 기다려 봐. 노나가 지금 중요한 말을 하고 있잖아. 노나의 이야기를 마저 들어보자.

유리 어머, 오빠 또 왜 그래?

나 잠깐만, 노나는 공부를 암기하는 것이라고 생각해?

나와 유리는 노나를 바라봤다.

둥근 안경 너머로 비친 노나의 눈동자가 당황한 것처럼 흔들렸다.

노나 모르겠어요. 그러니까, 저기….

노나는 은빛 앞머리를 손으로 만지작거렸다.

나는 최대한 상냥한 표정을 지은 채, 노나가 말하기를 기다렸다.

노나는 지금 말을 고르는 중이었다. 자신의 생각을 전할 수 있는 말을.

노나가 적당한 말을 찾을 때까지 기다려야만 한다.

노나 저기… 외우지 않으면 풀질 못하니까요….

나 공부한 내용을 외우지 않으면 시험 문제를 풀지 못하니까 암기해야 한다는 거야? 넌 그렇게 생각한다는 거지?

노나 제 생각이 틀렸나요?

나 음….

노나 외우지 않으면 풀지 못해요…. 그렇잖아요?

나 하지만 수학 문제를 전부 다 암기할 수는 없어. 수업 시간에 배운 내용과 완전히 똑같은 문제가 시험에 나오는 것도 아니니까.

노나 하지만 외우지 않으면… 풀 수가 없는데요.

나 수업을 듣든 책을 읽든 간에 의미를 이해하지 않으면 문제를 풀 수 없어.

노나 그게… 무슨 뜻이에요?

나 무슨 뜻이냐고?

노나 이해와… 암기는 다른 건가요?

나는 또다시 충격을 받았다.

아이디어를 이해한다는 게 무슨 의미냐고?

의미를 이해한다는 게 무슨 뜻이냐고?

이해와 암기는 다르냐고?

그런 의문이 든다는 것은 노나가 농담이 아니라 진심으로 '암기를 하지 않으면 문제를 풀 수 없다.'라고 생각하고 있다는 뜻이다.

유리 노나야, 문제는 암기해서 푸는 것이 아니야. 문제를 잘 읽고 생각해서 푸는 거지.

노나 유리, 넌 머리가 좋으니까 그렇지….

유리 뭐? 아니, 누구든지 문제를 읽고 생각해서 풀걸.

노나 난 외우지 않으면 풀지 못한다고….

나 아, 알겠다!

유리 깜짝이야!

나 있잖아, 노나야. 넌 뭔가를 '공부하거나' 뭔가를 '생각하는 게' 익숙지 않은 것일 수도 있어.

노나 ….

나 배운 내용을 무작정 외워 버리면 점수가 약간은 오를 거야. 그래서 공부를 암기하는 것으로 착각하는 게 아닐까? 어떻게 생각해?

노나 공부와 암기는… 다른 건가요?

나 외우는 것만이 공부는 아니지. 단순히 외운 내용을 떠올려 대답하는 것은 생각하는 것과 달라. 열심히 외운다고 해서 공부를 열심히 하는 게 아니라는 말이야.

노나 전 머리가 나쁘니까요….

나 자신을 그렇게 말하지 말라니까. 그런 말을 하는 건 '난 머리가 나빠.'라고 스스로 주문을 거는 것과 마찬가지라고.

노나 네….

나 노나, 너라고 해서 늘 뭐든지 외워서 대답하는 건 아닐 거야. 예를 들어 아까 내가 '좌표평면에서 점(2.5, 2.5)의 위치는 어디일까?' 하고 퀴즈를 냈었지?(p.69)

그러자 노나가 고개를 끄덕였다.

나 넌 아까 점(2.5, 2.5)의 위치를 정확히 짚었어. 하지만 그건 네가 답을 단순히 외운 게 아니었지?

노나 그건 알았거든요…. 이해가 갔거든요.

나 넌 말이야, 좌표평면에 대한 설명을 듣고 다른 점 몇 개의 예를 보고는 '점(x, y)의 위치는 어디일까?'라는 퀴즈가 어떤 의미인지 이해했던 거야. 그래, 맞아. 의미를 이해했기 때문에 처음 본 퀴즈의 정답을 맞힐 수 있었던 거지. 이처럼 구체적인 예를 만들고, 그 구체적인 예를 통해 내용을 확인하다 보면 지금 화제가 되는 내용이나 수업 등을 통해 배운 내용이 어떤 의미인지를 정확히 이해하게 돼. 그리고 내가 제대로 이해했는지 아닌지 확인할 수도 있고. 그야말로 '예시는 이해의 시금석'인 셈이지. 그리고 의미를 이해하고 나면 무수히 많은 퀴즈에 답할 수 있어. 미리 암기를 할 필요도 없어. 게다가 재미있기까지 하지. 하지만 이렇게 의미를 이해하지 못하면 오직 암기한 내용밖에 답을 하지 못해 괴로워지지. 열심히 외우기만 한다고 해서 그게 공부를 열심히 하는 게 되진 않아. 아차, 내가 말을 또 빠르게 했나?

유리 빨랐어.

노나 네…. 빨라졌어요.

나 또 빨라졌어?

유리 오빠, 그렇게 빨리 말하기만 한다고 해서 그게 설명을 열심히 하는 게 되진 않는다고.

나는 유리의 말에 쓴웃음을 지었다.

그러자 유리와 노나도 따라 웃었다.

간식 시간은 이렇게 끝이 나고 말았다.

2-4 수학 토크

노나와 유리 그리고 나는 거실에서 수학 토크를 이어 나갔다.

나 그럼 좌표평면에 다른 도형을 그려 보자.

노나 또 무한한 캔버스네요!

나 그래. $y = x$라는 식으로 나타낸 직선 L은 이제 그만 설명해도 되겠지?

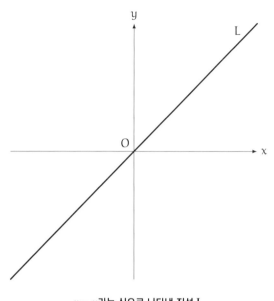

*y = x*라는 식으로 나타낸 직선 L

노나 네, 이제 괜찮아요.

나 직선 L 위에 있는 점을 (x, y)라고 했을 때, 이 점은 반드시 $y = x$라는 조건을 충족한다고도 했지. 이것도 이제 그만 설명해도 될까?

노나 그건 아니에요. 틀렸어요….

나 뭐?

노나 위에 있는 점은 $y > x$였는걸요.

나 어? 그게 무슨 소리야?

노나 틀렸다고요….

나 아, 알겠다. 내가 잘못했네. '위에 있다.'라는 표현이 문제
   였구나.

노나 ….

나 '직선 L 위에 있다.'라는 말이 오해를 부를 수 있으니까. 이
   게 '직선 L의 선 위에 있는 점'을 말하는 건지 아니면 '직선
   L보다 위쪽에 있는 점'을 말하는 건지 헷갈릴 수 있거든.

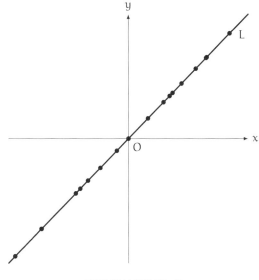

직선 L의 선 위에 있는 점

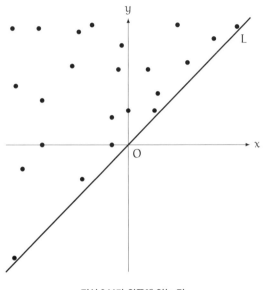

직선 L보다 위쪽에 있는 점

노나 어려워요….

나 수식을 이용하면 $y = x$와 $y > x$로 명확히 구별할 수 있는데, 이걸 말로 하니까 오히려 구별하기 어려운 것일지도 몰라. 흔히 수식보다 말로 설명하는 게 더 이해가 잘 된다고 생각하기 쉽지만, 헷갈리는 상황에서 정확히 표현해야 할 때 말보다 수식이 더 편리할 때도 있어. 아차, 내가 또 너무 빨리 말했나?

유리 이번에는 괜찮았어.

나 그런데 노나, 너 참 대단한데!

노나 …?

나 내가 설명하는 도중에 '틀렸어요.'라고 말할 수 있게 되었잖아. 내 설명에서 뭔가 이상함을 눈치챈 것도 그렇고, 틀렸다고 똑바로 말할 수 있게 된 것도 정말 대단해. 넌 머리가 나쁜 애가 절대로 아니야.

노나 그런가요….

나 그럼 이번에는 다른 문제에 도전해 보자. 함께 생각해보는 거야!

노나 네.

유리 함께 생각해보자고!

2-5 다른 직선

나 이번에는 $y = 2x$라는 식이 나타내는 직선을 살펴보자.

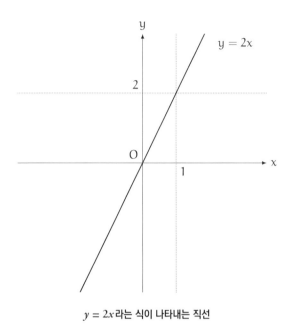

$y = 2x$라는 식이 나타내는 직선

유리 이 정도야 식은 죽 먹기지!

나 노나야, 알겠어?

노나 이것도 외우기는 했어요….

나 외웠구나.

노나 $y = ax$는 빛 같거든요. 멀리서 비추는 빛 같아요.

나 멀리서 비추는 빛 같다는 게 무슨 뜻이야?

그러자 노나가 종이에 선을 쓱쓱 그었다.

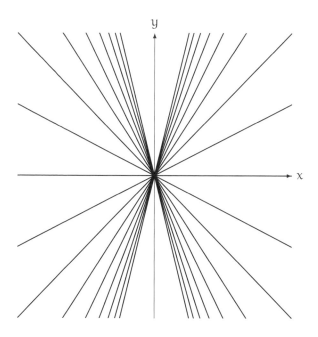

유리 아하!

나 응. 이건 a에 들어가는 숫자를 바꿔 가면서 $y = ax$라는 그
래프를 그린 거구나!

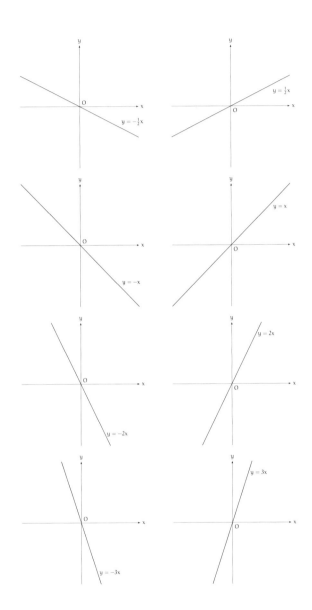

노 이것까지 알고 있으면 설명하기 쉽겠는데.

나 교과서에 실려 있었어요.

노 직선 $y = 2x$의 이야기로 돌아가 볼게. 이 식은 여러 방법으로 쓸 수 있어. 예를 들어,

$$y = 2x$$

라는 식을

$$2x = y$$

라는 식으로 바꿔도 같은 직선을 나타낼 수 있지. 게다가

$$2x - y = 0$$

이라는 식으로 바꿔도 역시 같은 직선을 나타내. 혹시 이 점은 알고 있어?

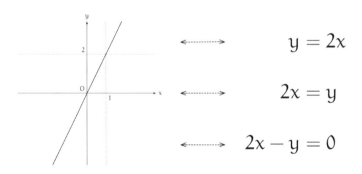

세 가지 식 모두 같은 직선을 나타낸다.

나 …?

나 어라?

유리 이항한 것뿐이니까 당연하잖아!

노나 으음….

노나는 미간을 찌푸리며 앞머리를 만지작거리기 시작했다.

이상한 일이었다.

$y = ax$가 원점을 지나는 직선이라는 사실은 안다. 그런데 $y = 2x$를 조금 변형하기만 한 식이 동일한 직선을 나타낸다는 점은 이해하질 못하다니.

노나가 어떤 것을 이해하고, 어떤 것을 이해 못하는지 짐작이 가질 않았다. 노나의 대답이 갈피를 잡기 힘들기는 하지만, 가끔 '무척이나 잘 이해하고 있는 듯한' 말투가 나올 때도 있었다. 참으로 이상했다….

유리 노나야, $y = 2x$에서 양변을 바꾸면 $2x = y$잖아. 그러니까 두 개는 같은 거라고.

노나 그건 알아….

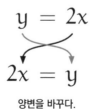

양변을 바꾸다.

유리 $y = 2x$에서 y를 좌변으로 이항하면 $2x - y = 0$이 되니까 이것도 같은 거지. 너 이항은 할 줄 알잖아.

노나 이항은 기억해….

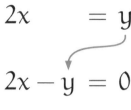

$$2x \qquad = y$$

$$2x - y = 0$$

우변의 y를 좌변으로 이항한다.

나 그렇다면 너는 어느 부분이 걸리는데?

노나 전부… 다요. 전부… 모르겠어요.

유리 에이, 그럴 리가.

나 에이, 그럴 리가.

'전부 다 모르겠다.'라는 노나의 말을 듣자마자 유리와 나는 동시에 외치며 손을 휘휘 저었다.

연습한 것도 아닌데, 어쩌면 그렇게 유리와 나는 말과 동작이 척척 맞는지 모르겠다.

나 노나야, 잠깐만. 일단 전부 모르는 일 같은 건 없어. 넌 좌표
평면상에 점을 그릴 줄도 알고, $y = 2x$라는 식이 이 직선을
나타낸다는 사실도 알고 있어. 게다가 $y = ax$라는 일반적인
직선도 알고 있고. 그러니까 전부 모를 리는 없단 말이야.

노나 죄송해요.

나 아니, 네가 잘못했다는 게 아니야. 나한테 사과할 필요는 없
어. 노나, 넌 수학에 흥미가 있잖아. 그래서 나는 네가 수학
을 조금이라도 이해할 수 있게 돕고 싶어.

노나가 고개를 끄덕였다.

나 노나, 네가 무엇을 어떤 식으로 이해하고 있는지 아는 사람
은 오직 너밖에 없어. 그러니까 네가 '전부 다 모르겠어요.'
라고 말해 버리면 우리는 당혹스러울 수밖에 없어.

유리 오빠 말이 맞아!

노나 화… 나지 않았어요?

나 화 안 났어. 노나, 넌 어떤 부분이 걸리는 걸까? $y = 2x$라는
식이 이 직선을 나타내고 있다는 것은 알지?

노나 네. 기억해요….

그리고 $y = 2x$의 좌변과 우변을 바꾼 $2x = y$라는 식이 같은 직선을 나타낸다는 것도 알고.

유리 알고 있지?

노나 그런 거 같아요….

그런데 $2x = y$라는 식과 $2x - y = 0$이라는 식이 같은 직선을 나타낸다는 말을 들으면 뭔가 마음에 걸리는 게 있어?

노나 아마… 같을 거예요.

유리 같은 거라고.

나 유리는 잠자코 있어 봐. 노나, 넌 $2x = y$에서 우변의 y를 좌변으로 이항하면 $2x - y = 0$이 되는 게 이해가 가?

$$2x = y \qquad \text{직선의 식}$$

$$2x - y = 0 \qquad \text{우변의 } y \text{를 좌변으로 이항해서 얻은 식}$$

노나 네… 괜찮아요.

나 그렇다면 $2x = y$라는 식과 $2x - y = 0$이라는 식이 같은 직선을 나타내고 있다는 게 이해가 가지 않는다는 거네. 으음, 어렵네.

노나 죄송해요.

나 아니야, 테트…. 아니 노나야, 사과하지 않아도 돼.

유리 오빠! 방금 노나의 이름을 잘못 불렀지?

나 미안, 미안. 어째서인지 갑자기 테트라가 생각나서. 테트라
도 걸핏하면 사과해서 말이야. 이해가 가지 않는 것을 사과
할 필요는 없는데도 그런다니까.

유리 이름을 잘못 부른 건 사과할 필요가 있다고.

나 그러게. 미안해.

노나 나빠서… 나빠서 그래요.

나 나쁘다니 뭐가?

노나 질문을 하면 무조건 바로 답해야 하는데…. 제가 머리가
나쁘다는 증거겠지요.

유리 에이, 아니야.

나 에이, 아니야.

이번에도 유리와 나는 동시에 외쳤다.

2-7 문제 될 건 하나도 없어

나 곧바로 대답하지 못한다고 해도 문제가 될 건 하나도 없어.

118

충분히 시간을 들여 생각해도 돼. 물론 시험을 볼 때는 시간 제한이 있지만, 평소에 수학에 대해 생각할 때는 충분히 시간을 들여도 돼. 우리가 배우고 있는 수학은 수많은 수학자가 정말 오랜 시간에 걸쳐 만들어 낸 결과니까 말이야.

유리 말이 빨라.

나 아차! 음, 어쨌거나 우리는 그런 수학을 배우려고 하고 있으니 곧바로 대답하지 못한다고 해서 문제 될 건 하나도 없고, 그게 잘못된 행동도 아니야. '빠르게 생각해서 신속히 대답하는 것'보다 '시간을 충분히 들여 생각해본 다음 정확한 답을 내리는 것'이 더 중요하다고.

노나 이항을 해도 답이 나오지 않아요…. 답이 나오지 않는다고요.

나 뭐

노나 $2x - y = 0$이면 $x =$ 무엇… 이 되지 않는걸요.

정말 쉽지가 않구나 하는 생각이 들었다.

노나의 말은 그 뜻을 해석하기가 너무 어렵고 답답했다.

하지만 노나는 말을 두서없이 하지는 않았다.

노나의 말에는 일관된 생각의 흐름이 존재하는 것처럼 느껴졌다.

해석하기 어렵게 느껴지는 이유는 노나와 나의 사고방식이 다르기 때문일 것이다.

아아! 노나가 어떤 생각을 하는지 알고 싶다.

노나가 마음에 걸려 하는 부분이 무엇인지 확인하고 싶다.

노나가 안고 있는 문제를 풀고 싶다.

하지만 단서가 될 만한 것은 노나의 머릿속에 숨어 있다.

내가 직접 들여다볼 수는 없다.

베레모로 가려진 노나의 머리. 그 머릿속을 노나 스스로 뒤져서 밖으로 꺼내 놓지 않으면 노나를 돕기가 어렵다.

지금은 노나가 꺼내는 단편적인 말에 기댈 수밖에 없다.

유리 $x =$ 무엇과 같은 형태를 만들고 싶은 거라면 $2x = y$의 양 변을 2로 나눠서 $x = \frac{1}{2}y$를 만들면 되잖아.

나 노나가 말하려는 건 그런 게 아닌 것 같아.

유리 그럼 뭔데?

나 저기, 노나야. 다시 한 번 말해 줄래?

노나 $2x - y = 0$이면 $x =$ 무엇이 되지 않아요….

나 ….

노나 답이 나오지 않는 쪽으로 이항해도 되는 건가요? 그래도

120

괜찮아요?

유리 답?

뭔지 알 것 같아. 혹시 노나, 넌 '이항'을 '답을 구하는 방법'이라고 생각하는 거니? 즉, '이항'을 '방정식을 푸는 방법'이라고 생각하고 있는 거 아니야?

유리 그게 아니야?

물론 방정식을 풀 때 이항을 하지. 하지만 이항 그 자체는 방정식을 풀기 위한 것만이 아니야.

노나 …?

2-8 이항

잠깐 직선에 대한 것은 잊자. 예를 들어 $2x - 1 = 0$이라는 식이 성립할 수 있는 x의 값을 구하고 싶다고 생각해봐.

유리 $\frac{1}{2}$이지!

맞아. 정답이야. 그 답은 어떻게 구할 수 있을까. 일단 우리에게는 이 식이 주어져 있지.

$$2x - 1 = 0$$

이 식의 양변에 1을 더해 보자. 양변이 같은데, 그 양변에 같은 수를 더하는 거니까 양변은 역시 같겠지.

$$2x - 1 \underset{\sim\sim}{+\ 1} = 0 \underset{\sim\sim}{+\ 1}$$

이를 계산하면 좌변은 $2x$가 되고, 우변은 1이 돼.

$$2x = 1$$

이렇게 하면 처음에 좌변에 있었던 -1이라는 항이 부호가 바뀐 1이 되어 우변으로 옮겨 간 것처럼 보이지? 이게 이항이야.

유리 그렇지.

나 이로써 우리는,

$$2x = 1$$

이라는 식을 얻었어. 이 식의 양변을 2로 나누면 좌변은 x가 되고, 우변은 $\frac{1}{2}$이 되지. 양변이 같으니까 이를 같은 수로 나누어도 역시 양변은 같을 거야.

$$x = \frac{1}{2}$$

이로써 우리는 x가 $\frac{1}{2}$과 같다는 것을 알았어.

$2x - 1 = 0$ x에 대한 방정식의 예

$\quad\ 2x = 1$ 좌변의 −1을 우변으로 이항했다.

$\quad\ \ x = \frac{1}{2}$ 양변을 2로 나누었다.

노나 답이 나왔어…. 나왔어요.

나 노나는 '방정식을 푸는 방법'으로서의 '이항'에 대해서는 알

고 있어. 하지만 직선을 나타내는 $2x = y$라는 식에서 y를 이

항해도 되는 건가 싶어 불안해진 거 아니야?

내 말에 노나가 고개를 끄덕였다.

노나 $2x - y = 0$이 되면 답이 나오지 않아요….

나 답이 나오는지 아닌지는 상관없다고. 그냥 $2x = y$라는 식

의 양변에서 y를 빼면 $2x - y = 0$이 되잖아!

노나 이항은 알아!

유리 이항을 알면 $2x - y = 0$도 당연히 알 거 아니야!

노나 난 머리가 나빠서 그게 바로 나오질 않는단 말이야!

유리 넌 머리가 나쁘지 않다니까!

나 자, 두 사람 모두 그만해. 목소리가 커지면 조금 진정할 필요가 있어. 목소리를 크게 낸다고 해서 내용이 더 잘 이해가 되는 것도 아니고, 진리에 다가가는 것도 아니니까.

유리 그야 그렇지만! 그래도….

나 '작게 속삭여도 진리는 진리'니까 말이야.

유리 그게 뭐야.

나 나라비쿠라 도서관 어딘가에 걸려 있는 명언인 모양이야. 리사가 말해 줬어.

유리 그렇구나.

나 그건 그렇고, 노나가 신경 쓰는 점을 이제 조금 알 것 같아. 한번 정리해 보자.

• $y = 2x$는 어떤 직선을 나타내는 식인가?

이 점은 노나가 이해하고 있다.

• $y = 2x$는 $2x = y$와 동일한 직선을 나타내는 식이다.

이 점 또한 노나가 이해하고 있다. 하지만,

• $2x = y$는 $2x - y = 0$과 동일한 직선을 나타내는 식이다.

이 점을 노나는 아직 이해하지 못하고 있다.

노나 네, 맞아요.

유리 흐음.

나 좀 더 적어 볼게.

- 노나는 이항에 대해서는 이해하고 있다.
- 하지만 노나는 이항을 $2x - 1 = 0$ 같은 방정식을 풀 때 사용하는 방법이라고 생각하고 있다.
- 그래서 직선을 나타내는 식에서 이항을 해도 되는 건지 마음에 걸린다.
- 그래서 노나는 뭔가 답답함을 느낀다.

유리 오호, 그렇구나.

나 노나는 직선을 나타내는 식에서도 이항을 하는 게 '나쁘지 않다고' 생각하고는 있어. 하지만 이항을 해도 '정말 괜찮은지' 확신이 서지 않는 거야.

노나 맞아요!

유리 그런 거구나. 노나야, 그런 거라면 그런 거라고 말을 해 주면 좋잖아.

노나 미안….

나 하지만 이렇게 문제를 해결할 수 있게 된 건 다 노나가 자신이 이해하고 있는 부분에 대해 열심히 설명해 준 덕분이야.

노나 …?

나 네가 '$x=$무엇과 같은 형태가 되지 않아도 괜찮아요?'라든가 '답이 나오지 않아도 괜찮아요?'라고 물어본 걸 말하는 거야. 기억나? 너 처음에는 그냥 '전부 다 모르겠어요.'라고 말했잖아. 하지만 그 뒤로 네가 어떤 식으로 이해하고 있는지 말로 표현하려고 애써 주었지? 네가 그렇게 네 상태에 대해 열심히 알려 주었기 때문에 나도 네 생각을 짐작해 볼 수 있었던 거야.

유리 듣고 보니 그러네. 노나, 진짜 대단한데!

노나 헤헤….

2-9 식의 의미

나 이제 다시 수학 이야기로 돌아가 볼까? 먼저 노나가 마음에 걸려 한 부분을 해결해 보자. 방정식을 풀 때나 직선을 나타내는 식을 변형할 때나 이항을 해도 괜찮아.

노나 외워야… 외워야 하나요?

나 언제 이항을 해도 되는지 일일이 외워야 하냐고? 아니, 그걸 외우려는 건 좀 이상한데. '이항'은 '양변에 같은 수를 더하거나 빼거나 곱하거나 0이 아닌 수로 나누어도 등식은 성립한다.'라는 등식의 성질을 이용한 것뿐인데…. 아 참, 노나 너 '이항'이 뭔지는 안다고 했었지?

유리 직선의 식이든 뭐든 양변이 같으면 이항할 수 있다고.

나 방정식에 나오는 등호나 직선의 식에 나오는 등호나 모두 마찬가지야. 무엇은 무엇과 같다는 '식의 의미'를 이해하는 게 중요하다고 생각해. 암기하는 게 아니라 이해하는 거야.

유리 오빠, '식의 의미'가 뭐야?

나 예를 들어, A = B라는 식이 있을 때 그 식은 'A가 나타내고 있는 것과 B가 나타내고 있는 것은 같다.'라는 뜻이 돼.

유리 뭐야, 그건 당연하잖아.

나 맞아. 당연한 말이고, 또 사람들이 대부분 알고 있는 내용이기도 하지. 어려울 거 하나도 없어. 무엇은 무엇과 같다는 등식은 방정식을 표현할 때나 직선을 표시할 때 또는 정수나 함수를 정의할 때도 쓰일 수 있어.

노나 그걸 전부… 외워야 하나요?

나 아니야, 노나. 그런 각각의 경우를 전부 외우는 게 아니라고.

$$\text{좌변} = \text{우변}$$

라는 식은 어떤 경우에 사용하든지 '좌변과 우변은 같다.'라는 뜻을 나타내. 이 점은 확실히 기억해야 해. 사실 굳이 외우려고 할 필요도 없지. A = B는 A와 B가 같다는 의미인 걸 너희도 이미 알고 있잖아.

그러자 노나와 유리가 동시에 고개를 끄덕였다.

나 A = B라는 형태의 식이 나오면 '무엇과 무엇이 같은지'를 생각해봐. 예를 들자면 이런 문제.

다음의 식을 만족시키는 수 x를 전부 구하시오.

$$2x - 1 = 0$$

유리 $x = \frac{1}{2}$이야!

나 응. 정답은 맞혔어. 하지만 내가 지금 말하고 싶은 건 정답이 뭐냐가 아니라 이 문제가 뭘 묻고 있냐는 거야. $2x - 1 = 0$이라는 식은 '무엇과 무엇이 같다.'라는 걸 말하고 있을까? 노나, 넌 어떻게 생각해?

노나 $2x - 1$과 $0\cdots$ 아닌가요?

나 정답이야! $2x - 1 = 0$은 '$2x - 1$과 0이 같다.'라는 걸 말하고 있어.

유리 그건 당연한 거 아니야?

나 맞아. 당연한 말을 하고 있지. 그러니까 이 문제는 '$2x - 1$과 0이 같아지는 숫자 x를 구하시오.'라고 말하고 있는 거야.

노나 $2x - 1$과 0은 같다$\cdots$.

나 여기서 중요한 건 $2x - 1 = 0$이라는 식만 달랑 주어진 게 아니라는 점이야. $2x - 1 = 0$이라는 식은 좌변의 $2x - 1$과 우변의 0이 같다는 것만 말하고 있어. 그래서 문제에 'x는 수라는 사실'과 '$2x - 1 = 0$을 만족시키는 x를 구하시오.'와 같은 설명이 글로 적혀 있는 거야. 식만 봐서는 무엇을 어떻게 하라는 건지 알 수 없으니까 문제에 나와 있는 글을 제대로 읽어 봐야만 해. 글을 다 읽어야만 비로소 문제의 의미를 알 수 있는 거야.

노나 흠$\cdots$.

나 어디 보자. 그럼, 이런 문제는 어떨까?

x에 대한 다음 방정식을 푸시오.

$$2x - 1 = 0$$

유리 똑같잖아. $x = \frac{1}{2}$ 아니야?

나 답은 같아. 하지만 여기서 중요한 건 'x에 대한 방정식'이나 '방정식을 푼다.'라는 말에 설명이 숨어 있다는 점이야.

노나 어려워요….

나 어려운 내용이 아니야. 'x에 대한 방정식'이나 '방정식을 푼다.'라는 말이 무엇을 의미하는지 정확히 생각해야만 한다는 거지. 의미를 제대로 확인하지 않으면 무엇을 어떻게 해야 하는지 알 수 없어지니까.

노나 ….

나 어느 직선을 $y = 2x$라는 식으로 나타냈다고 해 보자. $y = 2x$라는 식은 등호가 사용되었으니까 양변이 같다는 것을 의미하지?

노나 네….

나 $y = 2x$라는 식을 보면 'y가 나타내고 있는 것과 $2x$가 나타내고 있는 것이 같다.'라고 볼 수 있어. 그러면 그다음으로 생각해야 할 것은….

유리 y가 뭐냐는 거지.

나 바로 그거야. y는 뭘까? $2x$는 뭘까? 이런 식으로 생각을 해 보는 거야. 그걸 모르면 $y = 2x$라는 식이 무엇을 나타내는지 알 수 없어. 직선 $y = 2x$를 생각했을 때, y는 뭘까?

130

무리 점의 y좌표?

나 정답이야. 하지만 난 노나에게 물었는데…. 어쨌거나 좌표
평면상의 점을 (x, y)로 생각해보자. 그 점의 x좌표를 x라는
글자로 표시하고, y좌표를 y라는 글자로 표시한 거지. 그렇
다면 $2x$는 뭘까? 노나야, 어떻게 생각해?

노나 점 x의 좌표인가요?

나 그건 x지. $2x$는 뭘까?

노나 두 배로 한 거요….

나 맞아. 좀 더 정확히 말하면 $2x$는 점의 x좌표를 두 배로 한
수를 나타내. 그러니까 $y = 2x$라는 식은 점의 'y좌표'와 'x
좌표를 두 배로 한 것'이 같다고 말하고 있는 거지. 여기까
지 이해가 돼?

노나 네….

무리 말로 설명하니까 괜히 더 복잡해.

나 그러게. 말로 설명하면 복잡하니까 수식을 사용하는 건데
말이야. 음… 어쨌거나 $y = 2x$라는 식은 'y와 $2x$가 같다.'
라는 의미만 담고 있어. y가 무엇을 나타내고 있는지, x가
무엇을 나타내고 있는지는 아무리 식을 들여다봐도 알 수가
없지. 그런 것들은 글로 쓰여 있을 때는 그 설명을 읽고, 누
군가가 말하는 것을 듣고 있다면 그 사람에게 물어봐야 하

지. '여기 나온 y는 뭔가요?'라거나 '여기서 x는 무엇을 뜻하는 건가요?' 하고 말이야. 그런 설명을 듣고 이해를 해야만 비로소 $y = 2x$라는 등식을 이용해 무엇을 나타내고자 하는 것인지 알 수 있어. 전체적인 의미를 이해할 수 있게 되는 거지.

노나 암기와는 다르군요.

나 그래! 그거야. 예를 들어 책을 읽을 때 모르는 단어가 나오면 문장 전체의 의미도 알 수가 없지? 그것과 마찬가지야. 수식만으로는 의미를 일부밖에 알지 못해. 그러니까 $y = x$는 직선을 나타내는 식, $y = 2x$도 직선을 나타내는 식, 이렇게 일일이 다 암기하려 들어서는 안 돼. 외우려고 하기 전에 그 식에서 x가 무엇을 나타내는지, y는 무엇을 나타내는지 확인해 보는 것이 중요하다고.

탕!

나 으앗, 깜짝이야!

노나가 갑자기 양손으로 탁자를 힘껏 내리치는 바람에 나는 깜짝 놀랐다.

노나 우아, 신기해요! 정말 신기해! 신기해!

노나는 같은 말을 반복하며 계속 탁자를 두드렸다.

유리 노나야, 왜 그래?

노나 유리야, 정말 신기한 것 같아! 어떻게 그렇게 곧게 쭉….

유리 $y = 2x$를 말하는 거야?

노나 y는 y좌표고, x는 x좌표….

나 그래, 맞아.

노나 y와 x의 두 배가 같아….

나 그래. 이 직선 위에 놓인 점을 (x, y)라고 하면 $y = 2x$가 성
   립해. 그리고 $y = 2x$가 성립하는 점 (x, y)는 전부 이 직선 위
   에 놓이지. 단 하나의 예외도 없이 말이야.

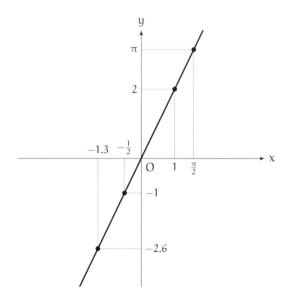

노나 어떻게 $y = 2x$만으로 이렇게 쭉 뻗은 직선이 돼요? 신기

해, 정말 신기해요!

나는 그런 노나가 더 신기하다.

… 아니, 그게 아니지.

이해라는 게 신기한 거다.

노나는 지금 뭔가를 이해했다.

그리고 뭔가를 이해했기 때문에 직선의 신기함을 처음으로 깨

달은 것이다.

곧게 쭉 뻗어 있는 선.

무한한 캔버스 위에 그려져 있는 직선.

그것을 x와 y를 이용한 식으로 나타낼 수 있다는 신기함에.

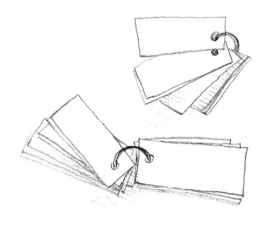

"'곧다'는 것은 무엇일까?"

제2장의 문제

●●● 문제 2-1(직선보다 위에 있는 점)

좌표평면에서 직선 $y = 2x$보다 위쪽에 있는 점을 ①~⑦에서 모두 찾아보세요.

① $(x, y) = (1, 3)$ ② $(x, y) = (1, 2)$

③ $(x, y) = (-1, -3)$ ④ $(x, y) = (3, 0)$

⑤ $(x, y) = (-3, 0)$ ⑥ $(x, y) = (1.414, 2.829)$

⑦ $(x, y) = (1000, 2001)$

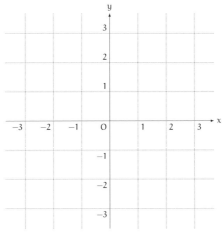

(해답은 p.316)

●○○ **문제 2-2(점 P는 어디에 있는가?)**

좌표평면상에 위치한 점 $P(x, y)$에서

$$1 < x < 3이고, \ -2 < y < 1이라는$$

사실을 알고 있다고 합시다. 이때 점 P가 있을지도 모르는 영역
을 그림으로 나타내 보세요.

(해답은 p.319)

●●○ **문제 2-3(원점을 지나는 직선)**

좌표평면에서 원점 $O(0, 0)$을 지나는 직선은 무수히 많으며, 대
부분은 숫자 a를 이용해 $y = ax$라는 형태의 식으로 나타낼 수 있
습니다. 하지만 원점을 지나는 직선 가운데 단 하나, $y = ax$라는
형태의 식으로 나타낼 수 없는 것이 있습니다. 그것은 어떤 직선
입니까?

(해답은 p.320)

회색으로 표시된 영역을 나타내는 부등식을 구하시오(경계는 포함하지 않는 것으로 합니다). 단, 이 영역의 경계를 나타내는 식은 $y = \sin x$입니다.

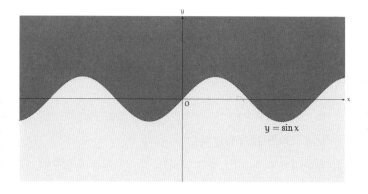

(해답은 p.322)

제3장

암기와 이해

"교사의 중요한 임무는 학생을 돕는 것이다."

− 조지 폴리아, 《어떻게 문제를 풀 것인가》 중에서

테트라 그 후에 어떻게 되었어요?

나 어떻게 되다니?

테트라 노나 말이에요. 좌표평면의 직선, 일차함수 그래프, 식
의 동치변형*. 그런 걸 노나가 결국 이해했어요?

나 으음….

여기는 고등학교 도서실. 지금은 수업이 전부 끝난 시간이다.

여느 때처럼 나는 테트라와 수다를 떨고 있다.

하지만 오늘은 평소와는 조금 다르다.

오늘의 화제는 수학이 아니라 중학생인 노나다.

결국 그날 이후로 나는 노나에게 수학을 가르치게 되었다.

하지만 그건 만만치 않은 일이었다.

테트라 선배가 포기하지 않고 노나의 말을 끝까지 듣고, 식의
의미를 차근차근 설명한 다음, 좌표평면에 점을 그려 보이다
보니 노나가 어느 순간 의미를 깨달았다고 했지요?

---

* 주어진 식과 그 결과가 동일한 다른 형태로 문제를 푸는 것.

나 응, 그건 그런데….

내 대답이 시원치 않았는지 테트라의 목소리와 몸짓이 점점 더 커져만 갔다.

테트라 그건 노나에게 틀림없이 작지만 매우 중요한 깨달음 이었을 거라고요! 그야말로 '유레카' 아니, 헬렌 켈러가 '물 (water)'이란 단어를 깨달은 거나 마찬가지라고요!

테트라는 몹시 감동했다는 듯이 양팔을 위로 들어 올렸다.

나 아르키메데스에다 헬렌 켈러까지 나오네….

테트라 그렇다니까요!

나 근데 그런 게 아니야….

테트라 네? 아니에요? 난 노나가 수학의 이해에 완전히 '눈을 떴다.'고 생각했는데….

나 눈을 떴다고 해야 하나, 아니 실제로는 그 반대라고 해야 하나….

테트라 반대라니, 오히려 수학을 더 어려워하게 된 거예요?

나 아니, 그게 아니라 노나가 '잠에 빠져' 버렸거든.

테트라 잠에 빠졌다는 건 무슨 비유인가요?

나 비유가 아니라 실제로 그랬다는 거야. 직선 방정식 때문에 흥분했는지 노나가 곧바로 잠들어 버리더라고.

그랬다.

$y = 2x$라는 식이 직선을 나타낸다는 것의 깊은 의미를 이해한 노나. 그 신기함에 감동과 흥분을 느낀 노나.

그러고 나자 노나는 갑자기 잠이 쏟아진 모양이었다. 거실 소파에서 낮잠을 잔 노나가 눈을 떴을 때는 이미 늦은 시각이었다. 그래서 노나는 유리와 함께 그대로 집으로 돌아가 버리고 말았다.

처음부터 끝까지 참 어느 것 하나 평범하지 않았던 방문이었다.

테트라 노나가 잠이 쏟아졌나 보네요.

나 그랬던 모양이야. 새로운 사실을 갑자기 너무 많이 생각해서 그랬는지도.

테트라 아, 어떤 기분인지 알 것 같아요.

나 졸음이 쏟아지는 거?

테트라 네. 저도 공부를 하다 보면 졸릴 때가 있거든요. 갑자기 배가 고파지기도 하고요. 그걸 뭐라고 해야 하나. 체력이 급격히 떨어지는 기분?

나 아마 뇌가 에너지를 소비해서 그런 게 아닐까?

테트라 그런 거죠. 그래서 노나가 어떤 식으로 이해를 했는지 제대로 알지 못한 채로 스터디를 마친 건가요?

나 그걸 스터디라고 할 수 있으려나. 뭐, 그렇지. 하지만 그걸 수학 스터디라고 불러도 될지는 모르겠어. 그만큼 신기한 시간이었거든. 결국 $y = x$와 $y = 2x$에 대한 이야기밖에 하지 못했고….

테트라 노나가 수학을 좋아하게 되었으면 좋겠어요.

나 응. 수학을 싫어하지는 않는 것 같아. 흥미도 있는 것 같고. 그리고 내 이야기도 재미있었던 모양이야.

테트라 그랬을 거예요. 선배의 이야기는 늘 재미있는걸요.

나 이번 주 토요일에도 우리 집에 오기로 했어. 아 참, 노나가 나한테 이걸 주더라.

테트라 이건…, 종이학 아니에요? 귀엽네요.

테트라는 내가 건넨 종이학을 손바닥 위에 올려놓더니 여러 각도에서 관찰했다.

이 종이학은 노나가 집에 돌아가기 전에 가방에서 꺼내어 내게 준 것이다. 흔히 사용하는 색종이보다 작은 종이로 접어서 손바닥 안에 쏙 들어갈 만큼 작았다.

어린 노나가 살며시 건넨 자그마한 종이학.

나 귀엽지?

테트라 네, 예쁜 그러데이션이 들어간 색종이로 접었네요. 노나
　　 가 선배에게 '감사의 의미'로 주었나 봐요.

나 에이, 아니야. 아무 말도 하지 않았는걸.

테트라 선배! 그게 아니라니까요.

나 어쨌거나 지난주에는 그런 일이 있었어.

3-2 추억

테트라 …저, 노나의 이야기를 들으니까 예전 일이 생각났어요.

테트라의 눈빛이 갑자기 아련해졌다.

나 예전 일?

테트라 네. 선배에게 처음으로 질문을 했을 때 말이에요. 질문
　　 이라고 해야 하나, 상담이라고 해야 하나….

나 아, 그때 말이지?

테트라 저한테는 정말 의미 있는 상담이었어요. 갑갑했던 속이 개운해졌거든요.

나 그랬구나.

테트라 네. 고등학교에 들어온 뒤로 왠지 모르게 수학을 '이해하지 못하는 느낌'이 들어서 이러다 큰일 나겠다 싶어 선배에게 상담한 거였거든요. 선배의 이야기를 듣고 그동안 제가 얼마나 '설렁설렁 대충' 공부했는지 깨달았어요.

나 아니야. 넌 처음부터 잘했는걸.

테트라 에이, 아니에요!

테트라가 고개를 설레설레 저었다.

나 아니었나?

테트라 말이요. 말이 문제였어요.

나 말이라니?

테트라 제가 상담하러 갔을 때, 선배가 정의에 대해 이야기해 줬어요. 그 말이 저에게는 충격적이었거든요. 선배가 새로운 용어가 나오면 그 뜻을 분위기로 대충 파악하려 하지 말고 그 말의 의미가 뭔지 주의 깊게 살피라고 했거든요. 그동안 저는 수업을 열심히 듣고 있다고 생각했지만, 선생님이 하시는 말씀을 제대로 듣고 있지 않았어요. 교과서를 읽고 있었지만, 거기에 적힌 글을 제대로 읽고 있지 않았던 거죠. 저는 중학생 때부터 줄곧 저에게 주어진 말의 뜻을 제대로 이해하지 않은 채 넘겨 왔어요. 저는 말을 제대로 다루지 않았던 거예요. 그 점이 충격이었어요.

나 그러고 보니 네가 그런 말을 했었지.

테트라 하지만 선배가 '앞으로 제대로 하면 되지.'라고 격려해 줬어요. 저, 그때 정말 기뻤어요.

나 응. 내가 보기에 지금의 넌 용어를 주의 깊게 다루려고 노력하고 있어. 그리고 뭔가를 이해했을 때뿐만 아니라, 이해하지 못했을 때도 그런 네 상태를 정확히 말로 표현하는 걸. 그래서 너에게는 막힘없이 설명을 할 수가 있다고. 하지만 노나는 대화를 이어 나가기가 너무 어려워. 난이도가 너무 높아.

테트라 난이도가 높다고요?

나 예를 들어 내가 이런 식으로 섬과 좌표에 대해 설명한다고 치자.

x좌표와 y좌표라는 두 개의 수를 지정하면 좌표평면상에 점 하나가 결정된다. 지정하는 방법은 여러 가지가 있다. '이 점의 x좌표는 1이고, y좌표는 2다.'라고 말해도 되고, 이것을 간단히 $(x, y) = (1, 2)$라고 써도 된다.

테트라 네.

나 그래. 지금 네가 '네.'라고 대답했잖아. 그러면 그 대답을 들은 나는 '여기까지는 내 말을 알아들었구나.'라고 느낀단 말이야.

테트라 그렇죠. 선배의 말을 알아들었으니까 저는 '네.'라고 대답한 건데요.

나 그렇지? '네.'라는 대답을 들으면 당연히 알아들었다고 생각하잖아. 그런데 노나는 그게 아닐 때가 있어.

테트라 그럼요?

나 노나는 내 말을 알아듣지 못했더라도 그냥 '네.'라고 대답할 때가 있단 말이야.

테트라 아하, 뭔지 알겠어요.

나 노나가 '네.'라고 대답했기 때문에 난 당연히 알아들었구나 하고 다음 내용을 설명했단 말이야. 그런데 실제로는 내 설명이 노나의 귀에 전혀 전달되지 않은 거지. 그럼 나는 똑같은 내용을 또다시 반복해서 설명해야 해.

테트라 선배의 말이 제대로 전달되질 않는 거군요.

나 응. 설명을 다시 하는 것 자체는 어렵지 않지만, 시간도 잡아먹는데다가 그 자체가 노나에게 고통일지 몰라. 게다가 제대로 알아듣지 못하면서 어째서 '네.'라고 대답하는 건지 그 점도 신경이 쓰여.

테트라 일단 뒷부분까지 설명을 듣고 싶어서 '네.'라고 대답하는 걸 수도 있어요.

나 그런 것도 아닌 것 같아.

테트라 '네.'라고 대답하는 이유로는 여러 가지를 생각해볼 수 있어요. 음, 예를 들면….

- 들어 본 적이 있어서 '네.'라고 대답한다.
- 대충 알 것 같아서 '네.'라고 대답한다.
- 알 듯 모를 듯하지만, 설명을 멈추기가 미안해서 그냥 '네.'라고 대답한다.
- 이해가 가지 않지만, 잘 모르겠다고 말할 수 없는 분위기라 그냥 '네.'라고 대답한다.
- 이해가 가지 않지만, 애초에 처음부터 설명이 이해가 가지

않았기 때문에 이제 와서 '잘 모르겠다.'라고 말할 수 없어서 그냥 '네.'라고 대답한다.

- 자신이 제대로 이해한 건지 아닌지 잘 몰라서 그냥 '네.'라고 대답한다.

나 이렇게나 많이 생각이 났단 말이야? 역시 테트라야.

테트라 이유를 생각해보자면 얼마든지 더 있지요. 예를 들어….

- 대답을 안 하고 가만히 있다가는 뭔가 더 말을 해야 할 수 있으니까 그냥 '네.'라고 대답한다.
- 애초에 자신이 설명을 제대로 이해했는지 아닌지 생각조차 해본 적이 없으며, 그냥 습관적으로 '네.'라고 대답한다.
- 애초에 설명 자체를 듣고 있지 않지만, 상대방의 말이 끝날 때마다 맞장구를 치듯 '네.' 하고 습관적으로 대답한다.

나 으음… 열심히 설명했는데 알고 보니 상대방은 자신의 얘기를 제대로 듣고 있지 않았다면 가르치는 사람 입장에서는 좀 속상할 것 같은데.

테트라 하지만 머릿속은 분주하다고요.

나 뭐?

테트라 설명을 듣고 있지 않았다는 말을 들으면 당연히 가르치는 사람은 속상하겠지요. 하지만 '설명을 듣고 있는 사람'도 머릿속은 분주하다니까요!

나 잠깐만, 테트라. 무슨 소리인지 하나도 모르겠어. 애초에 설명을 듣지 않고 있는데 뭐가 분주하다는 거야?

테트라 있잖아요, 선배. 듣는 사람 입장에서는 설명을 듣고 있을 여유조차 없어질 때가 있어요. 설명을 듣다가 갑자기 선생님의 설명과는 전혀 상관없는 점이 신경 쓰일 때가 있거든요.

나 어떤 점이 신경 쓰이는데?

테트라 이걸 x좌표라고 하던데, x를 반드시 소문자로 써야 하는 걸까? 대문자로 쓰면 안 되나? 다른 알파벳도 많은데 왜 하필 x인 거지? 뭐, 그런 것들이요.

나 ….

테트라 그렇게 한 번 의문이 들기 시작하면 그쪽으로 온통 생각이 쏠려서 선생님의 설명이 더 이상 귀에 들어오질 않는다고요. 그 의문에 대한 답을 찾느라 '머리가 엄청 바쁘게' 돌아가거든요…. 그래서 설명을 듣지는 않지만 머릿속은 분주한 상태인 거죠.

테트라는 '머리가 엄청 바쁘게 돌아간다.'라고 말하면서 머리 위로 양손을 빙빙 돌렸다.

아, 그러고 보니 내가 좌표에 대해 설명하고 있을 때, 정작 노나는 '점의 색'에 대해 고민하고 있었지.

머릿속으로 다른 생각을 하거나 상상을 하느라 바빴기 때문에 이야기를 듣지 않았는데도 그냥 '네.'라고 대답해 버린 건가? 그렇다면 그 문제를 어떻게 해결해야 할까?

나 노나와 나누었던 대화를 떠올려보니 지금 네가 말한 현상이 노나에게도 일어났던 것 같아. 노나는 내가 다른 설명을 하는 동안 줄곧 '점의 색'에 대해 고민하고 있었거든. 그래서 나는 '궁금한 점이 생기면 내 설명을 도중에 멈추어도 된다.'라고 말해 주었어.

테트라 하지만 그건 어려울걸요.

나 어렵다고? 설명을 멈추는 게? 그냥 '잠깐만요.'라고 한마디만 하면 되잖아.

테트라 선배, 선배.

테트라가 나를 나무라듯이 불렀다.

나 왜?

테트라 그냥 '잠깐만요.'라는 말 한마디가 끝이 아니라고요. 선
배야 다 아니까 그런 말을 하겠지요. 하지만 선생님이 한창
설명하고 있는데 거기다 대고 '잠깐만요.'라는 말할 수 있는
사람이 몇이나 되겠어요. 잘 이해가 가지 않는다는 이유로
가르쳐 주고 있는 사람의 설명을 멈추려면 정말 엄청난 용
기가 필요하다고요.

나 으음, 그런가. 그렇구나….

테트라 그렇다고요. 설령 '잠깐만요. 잘 모르겠어요.'라고 말했
다 쳐요. 그러면 선생님이 '어느 부분이 이해가 잘 안 가는
데?'라고 되물으실 거 아니에요.

나 그야 그렇지.

테트라 하지만 잘 이해가 가지 않을 때는 '어디가 이해가 안 가
는데?'라는 질문에 바로 대답하기가 어려워요. 그냥 '전부

다 모르겠습니다!'라고 말하고 싶어진다고요.

나 그렇구나! 그러고 보니 노나도 '전부 다 모르겠어요.'라고 했었어.

테트라 선배처럼 다 아는 사람은 이해를 못하겠지만, '이 부분을 잘 모르겠어요.'라고 곧바로 설명하는 건 꽤나 고급 기술이라고요. 평범한 마을 주민이 '명검'으로 유명한 엑스칼리버를 휘둘러야 하는 거나 마찬가지라고요.

나 그 비유가 이해는 가지 않지만…. 어? 잠깐만. 그런데 넌 나나 미르카의 설명을 듣다가도 중간에 잘 멈추잖아. '잠깐만요.'라고 말해 줄 때도 있고, 손을 번쩍 들고 질문할 때도 있고 말이야.

테트라 연습했으니까요.

나 연습한 거였어?

테트라 선배님들이 언제든지 궁금한 게 있으면 물어봐도 된다고 하셨으니까요. 그래서 그 기회를 최대한 활용하려고 연습했어요. 설명을 도중에 가로막는 게 죄송하기는 했지만, 적어도 '명검 엑스칼리버'를 단숨에 뽑을 수 있게 연습을 한 거죠….

그러더니 테트라는 검을 뽑아 바로 잡는 듯한 자세를 취했다.

나 그 비유는 여전히 이해가 가지 않지만, 네가 이해가 안 갈 때마다 중간에 질문을 해 줘서 난 설명하기가 더 편했어.

테트라 그런 말을 들으니 기쁜데요! 아, 하지만 저도 아무한테나 그러는 건 아니에요. 중간에 말을 끊으면 화를 내는 사람도 있거든요.

나 그러고 보니 노나도 그런 말을 했어. 말을 중간을 막으면 화를 내는 사람이 있다고. 그런 사람도 있다니…. 뭐, 있을 수 있겠지.

테트라 있다니까요.

나 상대방이 제대로 알아듣지도 못한 상태에서는 설명을 계속해 봤자 어차피 더 못 알아들을 텐데 말이야.

테트라 그런데 말이에요. 저 노나에 대해 듣다 보니 왠지 친근감이 느껴져요. 수학에 흥미가 있었는데 선배의 설명을 들으면서 수학이 하나둘씩 이해가 가기 시작했다니 왠지 노나에 대해 좀 더 알고 싶어졌어요.

나 응. 너랑 노나는 좀 닮은 면이 있어. 이것저것 설명하다 보면 자꾸 사과를 한단 말이야. 죄송하다고. 너도 종종 그러지? 전혀 사과할 일이 아닌데 말이야.

테트라 죄, 죄송해요.

나 또 그런다.

테트라 아차, 죄송해요. 아니, 이게 아닌데!

나와 테트라는 그만 웃음을 터뜨리고 말았다.

나 하지만 내가 이야기를 할 때 두 사람에게서 받는 인상은 꽤
나 달라.

테트라 저, 저한테는 어떤 인상을 받는데요?

나 아까도 말했지만, 너와 이야기할 때는 대화가 물 흐르듯 자
연스럽게 넘어가거든. 네가 질문이 있다며 손을 들고 내 말
을 중간에 멈추거나 해도 소통이 잘 된다고 느껴져. 아니, 오
히려 네가 그렇게 궁금한 점을 말해 주니까 나도 한 번 더 깊
이 생각하게 되거든.

테트라 아, 아니에요. 저야 늘 도움만 받으니 감사하지요.

나 물론 노나와 대화할 때도 생각지 못한 부분까지 설명하다
보니 이해가 더 깊어지긴 하는데, 질문의 방향이 늘 내 예상
을 뛰어넘어. 신기하다는 말이 딱 맞는 것 같아.

테트라 신기하다라….

나 참, 그리고 보니 노나는 암기하는 것에 자꾸 신경을 쓰더라고.

테트라 암기요?

나 넌 암기에 대해 어떻게 생각해?

테트라 암기를 잘하는 편은 아니지만, 그렇다고 싫어하지도 않아요.

나 노나는 무슨 말을 하면 '그걸 암기해야 하는지 아닌지' 자꾸만 물어보는 거야. 그래서 참 난감하다니까.

테트라 암기해야 하는지 아닌지요?

나 수학에서 뭔가를 배울 때 물론 외우는 것도 필요하기야 하지. 하지만 처음부터 무작정 '이건 외워야 해.'라고 생각하지는 않잖아. 그래서 노나가 '암기해야 하나요?'라고 물으면 뭐라고 대답해야 할지 모르겠어. 중요한 건 그게 아니라고 말하고 싶어지거든. 신경 쓰는 부분이 서로 다른 것 같은 느낌을 받아.

테트라 선배는 수학에서 뭔가를 배울 때 '이건 외우자.'가 아니라 어떤 식으로 생각하세요?

나 '이해하자.'는 쪽이지. 새로운 개념. 내가 알지 못했던 정리.

사용해 본 적이 없는 풀이법. 그런 것들을 접하면 이게 대체 뭔지, 어떤 건지 고민해. 그리고 '이해해 보자.'라고 생각하지. 나는 이제껏 그것이 당연하다고 생각해왔기 때문에 노나를 보고 있으면 그런 노나의 생각이 부자연스럽게 느껴져.

테트라 '외우자.'가 아니라 '이해하자.'라….

나 너는 어느 쪽이야? 새로운 내용을 배웠을 때 '외우자.'라고 생각해, 아니면 '이해하자'라고 생각해?

테트라 저, 저요? 글쎄요.

테트라는 갑자기 표정이 진지해지더니 손톱을 물어뜯기 시작했다.

어라? 예상치 못한 부분에서 생각이 길어지네.

나 ….

테트라 저는 '친구가 되자.'라고 생각해요.

나 오, 괜찮은데! 왠지 너다운 말이야. 나도 네 생각에 동의해. 우리가 새로 사귄 친구의 이름을 외울 때 단어장을 만들어서 따로 외우거나 하지 않잖아. 그런 것과 비슷하지.

테트라 그렇지요…. 어, 잠깐만요. 지금 중요한 사실이 떠올랐어요.

나 응?

테트라 우리는 '예시는 이해의 시금석'이라는 말을 중요하게 여기잖아요. 내가 내용을 제대로 이해하고 있는지 아닌지 확인하고 싶을 때는 구체적인 예를 만들어 보는 거 말이에요. 그리고….

- 구체적인 예를 만들 수 있으면 이해한 것이다.
- 구체적인 예를 만들 수 없으면 이해하지 못한 것이다.

나 응, 그렇지.

테트라 저는 그 '예시는 이해의 시금석'이라는 말을 듣자마자 바로 이해가 되었어요. 저는 꾸준히 뭔가를 쓰거나 예를 많이 만드는 것을 좋아하거든요. 그래서 내가 하는 일들이 중요한 일이라는 생각이 들어서 기뻤어요.

나 그랬구나. 그래, 넌 꾸준하고 끈기도 있지. 예를 만들어서 이해하는 건 매우 중요한 일이야.

테트라 하지만 요즘에는 예를 많이 만들어 보는 것만으로는 넘을 수 없는 벽이 있는 것처럼 느껴져요.

나 어? 그게 무슨 말이야?

테트라 수학에는 다양한 정의가 나오잖아요. 다항식은 이런 거고, 일차함수는 이런 거라는 식으로.

나 물론 그렇지. 수학에서 정의는 매우 중요하니까.

테트라 그리고 그 정의를 제대로 이해했는지 확인하기 위해 예를 만들잖아요. 구체적인 다항식, 구체적인 일차함수….

나 응, 그렇지. 그게 왜? 그건 잘하는 일이잖아.

테트라 그런 식으로 예를 만들어 보면 내가 얼마나 이해하고 있는지 확인해 볼 수 있지요. '예시는 이해의 시금석'이라는 말처럼요.

나 응. 그런데?

테트라 그런데요. 그것만으로는 '넘을 수 없는 벽'이 있다는 걸 느껴요.

나 흐음, '예시는 이해의 시금석'이라는 말에도 약점이 있다는 건가?

테트라 약점은 아니지만, 제가 그렇게 느껴요. 그 넘을 수 없는 벽은 'So what?(그래서 뭐?)'이라는 의문이에요.

3-5 So what?

나 So what?(그래서 뭐?)

테트라 네. 선배는 그런 생각해본 적 없어요? 수학에서 새로운 개념을 공부하고, 구체적인 예를 만들어 보고, 연습 문제도 풀고, 시험에서도 좋은 점수를 받고…. 그러면 물론 저 자신이 그 개념을 이해했다고 느껴요. 하지만 '그래서 뭐?'라는 생각이 들 때가 종종 있거든요.

나 아, 그럴 수도 있겠네….

테트라 아, 물론 이건 '수학이 어디에 쓸모가 있냐.'라는 의미는 아니에요.

나 응, 네가 하고 싶은 말이 뭔지는 알겠어.

테트라 문제를 풀 수는 있으니까 이해하고 있는 건 맞는 것 같은데, 하지만 '그래서 뭐 어쩌라고.', '왜 그런 걸 생각하는 건데?', '그것의 어떤 면이 재미있는 건데?' 그런 의문이 풀리지 않아요.

나 알겠어. 아마 네가 말하는 건 '의미는 알겠지만 의의는 모르겠는' 답답함인 것 같아.

테트라 바로 그거예요!

나 나도 너처럼 그런 기분을 느낄 때가 종종 있어.

테트라 선배도 그렇지요? 저는 정말 여러 가지가 마음에 걸려요. 예를 들어 '다항식을 쓰는 법'에서도 걸리는 부분이 있었어요.

나 다항식을 쓰는 법이 뭐였더라.

테트라 $x + 5x^2 + 4x - 2x^2 + 1$ 같은 다항식이 있을 때, 동류항
끼리 묶어서 계산한 다음 $3x^2 + 5x + 1$처럼 내림차순으로 정
리하는 거요.

$$x + 5x^2 + 4x - 2x^2 + 1 = (x + 4x) + (5x^2 - 2x^2) + 1$$

동류항끼리 묶는다.

$$= 5x + 3x^2 + 1 \qquad \text{계산한다.}$$

$$= 3x^2 + 5x + 1 \qquad \text{내림차순으로 정리한다.}$$

나 아하, 식을 정리하는 것 말이지?

테트라 네, 맞아요. 동류항끼리 묶어서 계산한 다음 내림차순으
로 정리하는 건 지금 본 것처럼 저 혼자서 구체적인 예를 만
들 수 있어요. 문제가 나오면 풀 수도 있고요. 그러니까 저는
이해하고 있다고 생각해요.

나 응, 그런데?

테트라 네. 그런데 마음속으로는 'So what?'이라는 생각이 들
어요. 왜 이렇게 식을 정리하는 건지, 꼭 해야만 하는 건지.
다른 방법으로 정리해서는 안 되는 건지…. 그런 생각들이
들어요.

나 그러고 보니 너와 그것에 대해 이야기를 한 적이 있었지?[*]

테트라 네, 미르카 선배님이랑 같이요.

나 다항식의 차수를 쉽게 알 수 있다든가.

테트라 다항식의 동일성을 확인할 때도 편리하다고 하셨어요.

나 다항식 두 개가 있을 때, 식을 정리하고 나면 두 식이 항등적으로 같은지 아닌지 알기 쉽다는 이야기도 했었지.

테트라 다항식의 차수를 알아보는 이유에 대해서도 이야기했어요. 1차 함수의 그래프는 직선이 되고, 2차 함수의 그래프는 포물선이 된다고 했잖아요.

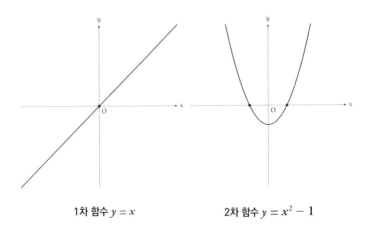

1차 함수 $y = x$ 2차 함수 $y = x^2 - 1$

※ 《수학 소녀의 비밀 노트-잡아라 식과 그래프》 참조

ㄴ 아하, 생각났어. 1차 함수, 2차 함수, 3차 함수…. 각각의 그
래프를 떠올렸을 때, 차수별로 그래프의 형태에 특징이 나
타난다고 했었지?

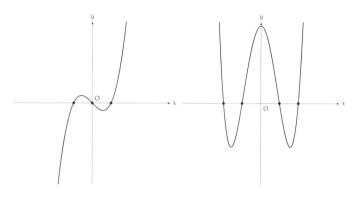

3차 함수 $y = x^3 - x$ 4차 함수 $y = x^4 - 5x^2 + 4$

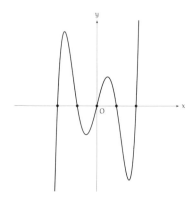

5차 함수 $y = x^5 - 5x^3 + 4x$

테트라 네, 맞아요. 그리고 그것을 배운 순간, 저는 '아하, 그랬구나.' 하는 생각이 들었어요.

나 어, 그랬어?

테트라 아니, 그렇지 않아요? 함수 그래프는 정말 많잖아요. 무수히 있지요. 그런데 '1차 함수 그래프'라고 하기만 해도 그 그래프가 직선이라는 점이 결정되잖아요. 정말 대단하지 않아요?

나 응, 대단하지.

그리고 그 점을 그런 식으로 표현할 수 있는 테트라, 너도 참 대단하고 말이야.

테트라 그렇다면 몇 차 함수냐를 알아야 할 의미가 있는 거고, 다항식의 차수를 알아보는 것에도 의미가 있는 거죠. 이렇듯 여러 일들이 연결되어 있어요.

나 그래, 그래.

테트라 무엇보다 기뻤던 건 영문을 알 수 없는 일을 그저 의미 없이 하도록 강요당한 게 아니라는 점이었어요.

나 영문을 알 수 없는 일이라니 식의 정리를 말하는 거야?

테트라 네, 맞아요. 식을 이런 식으로 정리하라고 배우면 공책에 제대로 필기는 해요. 참고서에 중요한 포인트라고 나와 있으면 '이게 중요한 내용이구나.' 하고 생각은 해요. 시험에 나올 거라는 말을 들으면 외우고 연습하면서 시험공부를 하지요. 하지만 아무리 그렇게 해도 '아하, 그렇구나.'라는 생각은 들지 않았어요.

나 그건 그렇지. 본인 스스로 납득하지 않는 이상 '아하, 그렇구나.'라는 말이 나오지 않으니까.

테트라 바로 그거예요! '납득'이요. 구체적인 예를 만들어 나 자신이 얼마나 내용을 이해하고 있는지 확인한다고 해서 반드시 그 내용을 납득할 수 있는 것은 아니에요. 아무리 예를 만들어도 'So what?'이라는 의문이 마음속에 남기 때문이지요.

나 맞아. 이해와 납득 사이에 얼마간 차이가 있을 때가 있지. 예를 만들어서 제대로 이해했는지 확인하고 나면 저절로 납득이 갈 때도 많긴 하지만 말이야.

테트라 예를 만들어도 내용이 납득이 가지 않다가 선배나 미르카 선배님과 이야기를 나누는 중에 갑자기 '아하, 그런 거였구나!' 하고 깨달을 때가 종종 있어요.

나 넌 '근원적인 질문'을 할 때가 종종 있는데, 그것도 'So what?'이라는 의문을 해결하기 위해서였을 수도 있겠다.

테트라 제가 '근원적인 질문'을 그렇게 많이 했었나요?

나 넌 '애초에'로 질문을 시작할 때가 많거든.

테트라 '애초에'로요?

나 응. '애초에 식을 왜 정리하는 건가요?'처럼 말이야.

테트라 아아, 딱 제가 할 법한 질문이네요….

나 '애초에'라는 말이 너와 참 잘 어울린다고 미르카에게 말했
더니, '질문하는 사람을 놀리면 못쓴다.'라고 혼내더라.

테트라 선배는 미르카 선배님이 한 말은 참 잘도 기억한다니
까요.

나 그런가….

테트라 저는 '아하, 그렇구나.'라는 생각이 들거나 '오호, 이거
재미있는데.'라는 느낌을 받을 때 기분이 정말 좋아요. 그럴
때는 '이 점이 중요한 포인트야.'라거나 '이 부분은 시험에
나올 거야.'라는 말을 듣지 않아도 좀 더 공부하고 싶어져요.

나 아, 나도 그 기분이 뭔지 잘 알지.

테트라 식을 정리하는 이유를 납득했을 때, '식을 정리하는 게
어디에 도움이 되는지 처음부터 가르쳐 주면 좋을 텐데.' 하
는 생각이 들었어요.

나 그건 그래.

테트라 하지만 그게 무리라는 것을 곧 깨달았어요.

나 어?

테트라 아니, 그렇잖아요. 식을 정리하는 법을 처음 배울 때는 아직 다항식과 '친구' 사이가 아니잖아요. 함수도, 그래프도, 방정식도 제대로 모르는 상태일 거예요. 그런 상태에서는 그 방법이 어디에 도움이 되는지 말해 줘 봤자 실감이 잘 안 될 거란 생각이 들었어요. 식의 정리에 대해 배우는 것만으로도 '머릿속이 엄청 분주할 텐데' 그게 어디에 도움이 되는지까지 설명해 봤자 그것을 이해할 여유가 없을 거예요.

나 아하. '닭과 달걀' 같은 관계가 되어 버리는구나.

테트라 닭과 달걀이요?

3-6 닭과 달걀

나 식의 정리를 이해하려면 다항식을 사용하는 상황을 이해할 필요가 있잖아. 하지만 다항식을 사용하는 상황을 이해하려면 식을 정리할 줄 알아야만 해. 닭을 얻으려면 달걀이 필요하지만, 달걀을 얻으려면 닭이 필요하지. 둘은 상호의존 관계인 거야.

테트라 그렇다면 해결할 방법이 없잖아요….

나 닭과 달걀에 비유하자면 그런 걸 고민할 시간에 어떻게든 닭이나 달걀 어느 한쪽을 구해 오는 작전을 써야 할 거야.

테트라 어떻게든 구해 온다고요?

나 아무 생각도 하지 않고 그냥 식을 정리하는 방법부터 일단 배우는 거야. 이런 걸 왜 해야 하는지는 나중에 고민하기로 하고, 일단 무작정 연습해서 익히는 거지.

테트라 그냥 무작정 암기부터 한다는 건가요?

나 이걸 암기라고는 할 수 없을 것 같지만…. 배워야 하는 이유는 나중에 생각하고, 일단 익히기부터 하자는 거지. 아니면 익혀 나가는 과정에서 그 이유를 생각해보거나. 일단 해보지 않고서는 이게 뭘 위한 것인지 알 수 없으니까 말이야.

테트라 하지만 납득이 가지 않을 때도 있잖아요.

나 맞아. 납득이 가지 않을 때는 납득하지 못한 상태에서 그냥 배우는 거야. 공부하다 보면 언젠가는 납득할 수 있는 힌트를 얻을 수 있을 거라 기대하면서….

테트라 저는 답답해서 도중에 선배나 미르카 선배님에게 질문을 하게 될 거 같은데요.

나 물론 그것도 공부의 한 방법이겠지. 질문하는 것은 중요하니까.

테트라 선배는 어땠어요?

나 무슨 말이야?

테트라 선배도 예를 들어 식의 정리를 처음 배웠을 때, 지금 말한 것처럼 무작정 연습부터 했나요? '닭이나 달걀 구해 오기 작전'처럼?

나 글쎄, 난 어땠지? 음… 적어도 식을 정리하는 법을 무조건 외워야겠다고 생각하진 않았던 것 같아. 애초에 난 수식을 변형하는 것 자체를 좋아하기도 했고.

테트라 그렇구나.

나 그 점은 중학생 때부터 늘 그랬어. 방과 후에 혼자서 공책에 수식을 잔뜩 쓰고는 했지. 왜 그랬는지는 모르겠지만, 정말 재미있었거든.

테트라 …알고 있어요.

나 어?

테트라 아, 아니에요. 그런데 이건 제 생각인데요. 뭔가를 이해한다는 것은 그리 단순한 게 아닌 것 같아요.

나 어떤 의미에서?

테트라 어, 그러니까 말로 잘 설명하긴 어렵지만, '이해하지 못했다'와 '이해했다', 이 두 가지만 있는 게 아닌 것 같아요.

나 두 가지만 있는 게 아니다?

테트라 '이차방정식의 풀이'를 예로 들자면, 인수분해를 하거나 근의 공식을 이용해서 풀잖아요.

나 그렇지.

테트라 '그런 방법을 배우지 않았다면 아직 이차방정식을 "이
해하지 못한" 상태인 거고, 그런 방법을 배워서 이차방정식
을 풀 수 있게 되면 이차방정식을 "이해한" 상태다.' 라고 반
드시 말할 수는 없지 않을까요?

나 응? 무슨 말인지 이해가 잘 가지 않는데.

테트라 아, 죄송해요. 물론 이차방정식을 실제로 풀 수 있으면
어느 정도는 '이해한' 상태겠지만, 거기서 이해가 완전히 끝
나는 것은 아니라는 말을 하고 싶었어요. 그보다 더 깊이 이
해하고, 또 그보다 더 깊이, 더 깊이 이해하는 단계가 있을
것 같거든요. 그렇게 쭉….

나 아하, 무슨 소린지 조금 알 것 같아.

테트라 이차방정식의 실근은 이차 함수 그래프와 x축의 교점이
되잖아요. 그런 식으로 이차 함수 그래프와 이차방정식을 관
련지어 생각하면 이차방정식의 풀이를 좀 더 깊이 이해한 느
낌이 들거든요. 예를 들자면 그런 거예요. 좀 더 깊고 넓게,
고차원적으로 이해하는 거요.

나 응. 네가 말하려는 게 뭔지 알겠어. 듣고 보니 그러네. 그것
도 '두 개의 세계'에 대한 이야기구나!

테트라 '두 개의 세계'가 뭔가요?

나 얼마 전에 유리가 그러더라고. 내가 '두 개의 세계'를 좋아한다고. '도형의 세계'와 '수식의 세계' 같은 거 말이야. 그두 개의 세계가 이어지는 지점에 재미를 느끼거든.

테트라 네, 맞아요! 그러고 보니 선배는 종종 '두 개의 세계'에 대해 이야기를 하더라고요.

나 네가 말한 '더 깊이 이해한다.'라는 것도 그와 비슷하지 않을까 싶어. '방정식의 세계'와 '함수의 세계'니까 말이지. 다른 단원에서 배우는 내용인데도 공부하다 보면 그 둘이 서로의 세계와 관련이 있다는 것을 알게 되지. 그걸 '발견'하게 되는 거야.

테트라 맞아요! '발견'이요!

나 저쪽에서 하는 이야기와 이쪽에서 하는 이야기가 같다는 것을 '발견'하는 거지. 그 둘이 관계가 있다는 것을 '발견'하는 거고. 그건 정말 신나는 경험이야. 그런 순간에 네가 '좀 더깊이 이해했다.'라고 느끼는 게 아닐까?

테트라 맞아요. 이제 알겠어요. 그러니까 저는 '이해'라는 게 그리 단순한 게 아니라고 생각해요. 뭔가를 이해해도 그게 끝이 아니니까요. 이해해도 그것을 더 파고들면 좀 더 깊이 이해할 수 있거든요. 파고들수록 이해가 더 깊어지죠. 이제껏

손에 넣은 무기들이 하나로 합체한 것처럼!

그러더니 테트라는 갑자기 몸쪽으로 손을 잽싸게 움직였다. 아마 갑옷이나 방패 같은 것을 착용하는 흉내를 내는 거겠지.

니 아하, 무기를 몸에 두르는 것과 마찬가지란 말이지.

테트라 하지만 암기가 방해가 될 때도 있어요.

니 방해?

테트라 수학에서 뭔가를 배울 때, 당장은 그 재미를 깨닫지 못하더라도 일단 뭔가를 외워야 할 때가 있잖아요. 아까 말한 '닭이나 달걀 구해 오기 작전'처럼 말이에요.

니 그 작전명이 마음에 들었어? 음… 물론 식의 정리 같은 건 기본적인 기술이니까 먼저 외울 것 같긴 해.

테트라 하지만 암기만 한 채로 계속 나아가다 보면 오히려 그게 이해를 방해할지도 몰라요.

니 자, 잠깐만. 그건 비약이 너무 심한 거 아니야? 암기만 한 채로 나아가다니, 무슨 말이야?

테트라 아, 죄송해요. 전… 노나가 생각이 나서요.

니 노나가?

테트라 선배가 아까 그랬잖아요. 노나는 뭔가를 '암기해야 하는지 아닌지' 늘 신경 쓴다고….

나 응, 그랬지.

테트라 학교에서 수학 시간에 배우는 내용을 전부 암기만으로 해결하는 건 무리예요.

나 응, 나도 무리라고 생각해. 암기라는 말의 의미에 따라 다 르겠지만.

테트라 혹시 노나가 수학을 암기만으로 해결하려 들었다가는 '두 개의 세계'의 관계처럼 수학의 이해를 높이는 방향으로 는 아예 관심을 갖지 않으려 할 수도 있어요.

나 그럴 수도. 그래서 암기가 이해에 방해가 된다는 거야?

테트라 네. 처음에는 어느 정도 암기를 해야만 대화를 시작할 수 있을지도 모르지요. 하지만 암기만 고집하다 보면 이해 하지 못하게 돼요. 그때 자신이 이해하지 못하는 이유가 암 기가 부족하기 때문이라고 착각해 버리면 한층 더 암기에 집 착하게 되겠지만…. 그건 악순환이잖아요.

나 듣고 보니 그럴 수도 있을 것 같아. 노나의 이야기는 아니지 만, 우리 반에도 암기에 집착하는 애가 하나 있거든. 고등학 교 수학은 해법을 유형별로 외우기만 하면 된다고 큰소리를 탕탕 치는데, 점수도 꽤 잘 나오는 편이야. 실제로는 어떤지 알 수 없지만 말이야.

테트라 실제로는 어떤지 알 수 없다니 그게 무슨 뜻이에요?

나 실제로는 무엇을 어떻게 생각해서 수학 문제에 접근하고 있는지 모른다는 거야. 그건 오직 본인만이 알 수 있거든. '생각'이나 '이해'는 우리 머릿속에서 이루어지는 활동이니까 말이지.

테트라 듣고 보니 그렇네요.

나 그러니까 외부에서 보는 것만으로는 알 수 없어. 본인 입으로는 해법을 유형별로 외워서 풀고 있다고 말하지만, 실제로 어떻게 문제를 풀고 있는지 다른 사람은 확인할 방법이 없으니까.

노나와 이야기를 나누는 동안, 그 사실을 실감했었다.

노나가 대체 무슨 생각을 하고 있는지 파악하기가 워낙 힘들었기 때문이다.

외부에서 관찰하는 것만으로 상대방이 무슨 생각을 어떻게 하고 있는지 판단하기란 어렵다. 난이도가 너무 높다.

테트라 실제로는 어떤 식으로 풀고 있느냐….

나 있잖아, 넌 네 '무기'를 의식하고 있어?

테트라 제 '무기'요?

나 응, 넌 너 자신이 어떤 식으로 생각하고 있는지 표현하는 데 능숙하다고 생각해. 난 그 점이 네 '무기'라고 생각하거든.

테트라 내 '무기'라….

나 그래. 그 점은 뭔가를 배울 때 강력한 '무기'가 될 거야. 자신이 얼마나 이해하고 있는지, 지금 자신의 상태가 어떠한지를 표현할 수 있는 사람은 잘 모르는 게 있을 때 주변 사람에게 도움을 받기가 더 쉬우니까.

테트라 아, 그렇겠네요. 항상 제가 느끼는 의문점을 해결해 주셔서 감사하고 있어요.

나 아니, 오히려 내가 너한테 도움을 받고 있는걸. 게다가 단지 의문점을 해결하는 게 끝이 아니야. 네가 네 상태를 잘 표현할 줄 알면 그만큼 주변 사람들이 네가 더 깊이 이해할 수 있게 도와줄 수 있어. 그래, 그러니까 자신의 상태를 말로 잘 표현할 수 있는 능력은 너에게 강력한 '무기'가 될 거라고 생각해.

테트라 아! 저… 그 '무기'를 소중히 잘 쓸게요!

테트라가 활짝 웃는 모습을 보면서 나는 생각했다.

물론 노나에 대해서다.

노나는 무슨 생각을 하고 있을까?

그리고 노나의 '무기'는 대체 뭘까?

"교사는 학생의 입장에 서서

학생이 어떤 입장에 놓여 있는지 잘 관찰하고

학생의 마음속에 일어나고 있는 일을

이해하려 해야 한다."

– 조지 폴리아, 《어떻게 문제를 풀 것인가》 중에서

제3장의 문제

●● 문제 3-1(소수의 정의)

●● **문제 3-1(소수의 정의)**

소수를 정의하세요.

(해답은 p.323)

●●● **문제 3-2(이차방정식 풀이)**

다음 이차방정식을 풀어보세요.

$$x^2 - 5x + 4 = 0$$

(해답은 p.324)

●● **문제 3-3(이차 함수 그래프)**

다음 이차 함수 그래프가 x축과 만나는 점의 x좌표를 구하세요.

$$y = x^2 - 5x + 4$$

(해답은 p.325)

제4장

무엇을 모르는지 모르겠어요

"말은 이해를 돕는다."

오늘은 유리가 노나를 데려오기로 한 날이다.

지난번에는 수학에 대한 이야기를 거의 하지 못했었다. 그날 한 이야기라고는….

- 직선 $y = x$에 대한 이야기
- 좌표평면과 점(x, y)에 대한 이야기
- 좌표평면을 $y > x$, $y = x$, $y < x$로 나눈 이야기
- 직선 $y = 2x$에 대한 이야기

…뭐, 이 정도 이야기한 것만 해도 큰 성과라 할 수 있으려나.

난이도가 높다.

이것이 노나와 대화를 나눠 본 내 솔직한 감상이었다.

난이도라는 표현을 썼지만, 노나가 말하는 내용의 난이도가 높은 것이 아니었다.

노나와의 의사소통이 어렵다는 뜻이다.

수학과 직접적인 관련은 없지만, 우리의 원활한 대화를 위해 나는 노나에게 몇 가지를 당부하기로 했다.

- 의미를 생각하면서 이야기를 듣기 바란다.
- 이해가 잘 가지 않으면 '잠깐만요.'라고 말하고 내 말을 막길 바란다.
- 무작정 암기하려 들지 않았으면 좋겠다.
- 처음에는 최대한 이해해 보려고 애썼으면 좋겠다.
- 시간을 들여 곰곰이 생각하길 바란다.
- 대답이 바로 나오지 않아도 사과하지 않았으면 한다.
- 자신을 '머리가 나쁘다.'라고 말하지 않았으면 좋겠다.

마찬가지로 나도 주의해야 할 점이 있었다. 가장 큰 문제는 흥분하면 말이 빨라진다는 점이었다. 나는 노나가 이해하는 속도에 맞추어 설명해야만 한다. 말이 빨라지지 않게 조심 또 조심하자.

유리나 테트라와 대화할 때는 이해하는 속도가 빨라 이런 점을 신경 쓰지 않아도 되었다. 하지만 노나는 이들과는 달랐다. 내가 노나의 속도에 맞추어야만 했다. 노나가 내 설명을 이해하길 바라기 때문이다.

나는 오늘 나눌 대화를 머릿속으로 상상하며 노나를 기다렸다.

노나는 설명을 들으면 무작정 그냥 외우려 들었다. 하지만 내 입장에서는 노나가 통째로 외우는 것보다 더 중요하게 생각했으면 하는 점이 있다.

　가장 중요하게 생각했으면 하는 것. 그것은….

유리 오빠, 우리 왔어!

노나 실례합니다….

엄마 어머, 어서 오렴. 기다리고 있었단다.

내가 현관에 나가기도 전에 엄마가 두 사람을 반겼다.

오늘도 노나는 베레모를 쓰고 있었다.

아담한 체구의 노나는 얼핏 보면 초등학생처럼 보였다.

유리 오빠, 안녕.

노나 안녕하세요….

유리 노나야, 그거.

노나 아, 이거….

노나는 과자가 담긴 듯한 상자를 엄마에게 내밀었다.

엄마 어머, 뭘 이런 걸 사 오고 그래. 그냥 와도 되는데.

노나 엄마가 가져가라고 하셔서….

엄마 그랬니? 어머니께 감사하다고 전해드리렴. 잘 먹을게. 어
    서 들어와.

엄마는 두 사람을 거실로 안내하고는 부엌으로 들어갔다.

노나는 그런 엄마를 눈으로 좇았다.

나 노나, 넌 우리 엄마에게서 시선이 떠나질 않네.

노나 앞치마가 귀여워서요.

나 엄마! 노나가 엄마 앞치마가 귀엽대!

"어머, 그러니?"

부엌에서 엄마의 기분 좋은 목소리가 들려왔다.

엄마의 앞치마가 뭐였더라?

4-3 또 전부 모르겠다고?

나 그런데 노나야. 지난번에 한 이야기는 이제 알겠어?

노나 지난번요?

나 그 뭐냐, $y = x$나 $y = 2x$ 같은 식이 직선을 나타낸다는 이
  야기 말이야.

노나 머릿속이 뒤죽박죽되어서…. 전부 다 모르겠어요….

나 어, 그래?

나는 조금 놀라고 말았다.

지난번에 노나가 꽤 깊이 이해했다고 생각했었는데. 게다가 내
가 '전부 다 모른다는 건' 있을 수 없다는 말까지 했었는데.

유리 노나야, 지난번에 너 꽤 많이 알아들었잖아!

노나 죄송… 죄송해요.

나 아니야, 사과할 필요는 없어.

사과할 필요는 없다. 이 말도 지난번에 노나에게 했던 말이었다.

이런 말투는 몇 번을 말해도 쉽게 고쳐지지 않는 것일까?

애써 가르쳤는데 전부 0이라니, 처음의 상태로 돌아가 버린
기분이다.

아니, 오자마자 이런 생각부터 하면 안 되지. 안 돼.

나 많은 내용을 한꺼번에 떠올리려고 하다 보면 머릿속이 뒤죽 박죽될 수도 있어. '전부 다 모르겠어요.'라는 말이 나올 법 도 하지. 하지만 네가 조금이라도 이해한 부분과 이해하지 못한 부분의 경계를 명확히 할 필요가 있어. 참, 그렇지. 오 늘도 수학에 대해 즐겁게 대화를 나누기 전에 약속해 주었 으면 하는 점이 있어.

노나 약속이요?

나 지난번에 노나와 대화해 보고 간단한 약속을 정해 두는 것 이 좋겠다는 생각이 들었거든. 우선 내가 수학에 대해 이야 기하는 동안, 노나 너는 최대한 그 의미를 생각하면서 들어 주었으면 해. 가끔 의미를 생각해도 잘 모를 때가 있을 거야. 그럴 때는 머뭇거리지 말고 '잠깐만요.' 하고 내 말을 멈춰 주었으면 좋겠어. 그리고 무작정 '외우자.'라고 생각하지 말 고, 가능한 한 '의미를 이해해 보자.'라는 자세로 임했으면 해. 암기도 중요하지만, 그보다는 의미를 먼저 이해했으면 하거든. 시간이 아무리 오래 걸려도 상관없으니까. 오히려 오랫동안 곰곰이 생각해봤으면 좋겠어. 그리고 내가 뭔가를 물었을 때, 대답이 바로 안 나와도 괜찮아. '죄송해요.'라고 사과할 필요는 없어. 그리고 암기보다 중요한 게 있는데….

율리 오빠, 오빠! 왜 그렇게 말이 빨라지는 거야!

아차차.

노나의 표정은 이미 딱딱하게 굳어 있었다.

나 미안! 정말 미안해!

노나 ….

유리 못 말린다니까!

노나 괜찮아요….

나 노나야, 정말 미안해. 내가 한꺼번에 말을 너무 많이 해서 당황했지?

노나는 고개를 한 번 *끄덕*였다.

유리 오빠, 노나가 오늘을 얼마나 기대했는지 알아? 그런 노나 의 기대를 그렇게 단번에 와장창 깨뜨리지는 말아 달라고.

나 기대했어?

내 말에 노나가 손수건을 눈가에 갖다 대며 고개를 *끄덕*였다.

노나 네, 지난번에 재미… 있었어요.

나 재미있었다니 기분 좋은데.

노나 무한한 캔버스 이야기랑 이항 이야기랑….

유리 뭐야, 노나 너 다 기억하고 있잖아.

4-4 의미를 생각하다

홍차를 마신 노나가 안정을 되찾자 나는 다시 수학 이야기를 하기 시작했다.

나 노나야, 이 등식은 무엇을 나타내는 걸까?

$$3x - 1 = x + 3$$

유리 $x = 2$야!

나 맞아. 곧바로 잘 대답했지만, 유리 너 혼자 너무 앞서 나갔어. 노나에게 물어볼게. $3x - 1 = x + 3$이라는 등식이 무엇을 나타낸다고 생각해?

노나 으음… 모르겠어요.

나 그렇구나. 노나는 아무것도 모르겠어?

노나 답은 2일지도?

나 그래. 질문이 만약 '이 등식을 만족시키는 숫자 x는 무엇인가?'였다면 네가 말한 2가 정답일 거야. 하지만 지금은 그게 아니지. 내가 물은 건 이 등식이 무엇을 나타내고 있냐는 거야.

유리 뭘 나타내는 건데?

나 $3x - 1 = x + 3$이라는 등식은 '$3x - 1$과 $x + 3$이 같다.'라는 점을 나타내고 있는 거야.

유리 그거야 당연하지!

나 '당연한 것에서부터 시작하는 것'이 좋은 거야.

유리 그런 당연한 걸 물어봤자 뭐해?

나 그렇지 않아. 노나는 $3x - 1 = x + 3$이라는 등식이 '$3x - 1$과 $x + 3$이 같다.'는 것을 나타낸다는 걸 알겠어?

노나 네….

노나는 '네.'라고 대답했다.

그러더니 베레모 밑으로 내려온 앞머리를 만지작거리기 시작했다.

나 노나, 너 지금 대답은 '네.'라고 했지만, 뭔가 마음에 걸리는 게 있지 않아?

노나 죄송… 죄송해요.

나 아니야. 넌 아무것도 잘못하지 않았어. 그냥 네가 뭔가 마음에 걸리는 게 있어 보여서 내가 물은 것뿐이야.

노나 모르겠어요…. 이해가 안 가요.

유리 뭐? 아직 아무것도 시작하지 않았는데.

나 음, 유리야, 잠깐만. $3x - 1 = x + 3$이라는 등식에서 노나가 조금 신경 쓰이는 부분이 있는 것 같아. 노나, 뭐든 괜찮으니까 말해 봐. 수학과 관련이 없는 것이어도 괜찮으니까.

노나 x라는 게… 뭔가요?

나 그것참 좋은 질문인데! 노나야, 잘 물어봤어!

그러자 노나가 기쁘다는 듯이 나를 바라봤다.

노나 ….

나 $3x - 1 = x + 3$이라는 등식이 갑자기 나왔으니 이것을 보고 말할 수 있는 건 좌변의 $3x - 1$과 우변의 $x + 3$이 같다는 사실뿐이야. x가 무엇을 나타내고 있는지 이 식만으로는 알수가 없지. 노나의 말대로 'x는 뭔가요?'라는 궁금증이 드는 게 당연한 거야.

유리 하지만 x는 숫자를 말하는 거잖아. 아니야?

나 응. 예를 들어 수학 교과서에 $3x - 1 = x + 3$이라는 식이 나왔다고 하자. 이때 x는 어떤 수를 나타내는 경우가 많을 거야. 유리의 말처럼 말이지. 하지만 x가 무엇을 나타내는지는 제대로 적혀 있지 않은 경우가 대부분이야.

유리 아, 그거 오빠가 자주 말하던 거구나.

나 내가 뭘?

유리 오빠는 툭하면 '문제에 나와 있는 글을 읽어라.', '정의로 바꿔라.' 뭐 이런 말들을 하잖아.

나 아, 그랬지. 그 이야기와도 통하는 면이 있네. 수식이 나오면 보통 곧바로 '답을 찾아야 해!'라거나 '외워야 해!'라는 생각부터 하기 쉬우니까.

노나 외워야 하는데….

나 하지만 외우기 전에 먼저 앞뒤에 적힌 글을 차분히 읽을 필요가 있어. 그리고 수식이 무엇을 나타내고 있는지 그 의미를 잘 생각해볼 필요가 있는 거야.

유리 그야 당연하지. 뭘 나타내는지를 모르면 무턱대고 외워봤자 소용이 없는걸.

나 유리의 말이 맞아. 그래서 무엇을 나타내고 있는지를 알아보려면 수식뿐만이 아니라 주변에 적혀 있는 글도 꼼꼼히 읽는 게 중요해.

노나 전 그런 게… 서툴러요.

나 노나는 글을 읽는 게 서툴러?

노나 뭐가 뭔지 알 수 없게 되어 버리니까요.

나 글을 읽고도 그 의미를 알지 못할 때가 있기는 해. 나도 수학 교과서를 읽다 보면 의미를 잘 모를 때가 있는걸.

노나 그런 걸… 잘 못해요.

나 말의 의미를 알지 못하면 어려워져. 그러니까 의미를 확인하는 게 좋아. 문장일 경우에는 여러 번 다시 읽어 봐. 대화를 나누는 도중에도 잘 모르는 말이 나오면 '그게 무슨 의미예요?'라고 다시 물어봐야 하고.

노나 질문도… 잘 못하는데….

나 노나는 질문도 어려워하는구나.

노나 혼나기도 하고, 머릿속이 뒤죽박죽되어서….

유리 질문은 질문일 뿐이야. 그냥 '잘 모르겠다고. 제대로 좀 가르쳐 봐.'라고 말하면 된다고!

나 그런 말투는 좀 거칠긴 하지만, 유리의 생각 자체는 나쁘지 않아. 공부 이야기를 하다가 의미를 잘 모르는 말이 나왔을 때 '그건 무슨 뜻인가요?'라고 묻는 건 매우 중요해. 스스로 생각하는 것도 중요하지만 모르는 걸 다른 사람에게 물어볼 줄 아는 것도 중요하거든.

노나 뭘 물어야 할지 모르겠어요.

나 그렇구나. 하지만 질문을 그렇게 잘하려고 하지 않아도 돼. 네가 하고 싶은 대로 그냥 편하게 말해도 돼. 궁금한 점이나 잘 이해가 가지 않는 점, 마음에 걸리는 점이 있다는 것을 전달했으면 좋겠어. 뭐든지 상관없으니까.

노나 뭐든지 상관없어요?

나 응. 뭐든지 괜찮아. 잘 모르니까 설명을 제대로 하지 못하는 게 당연한 거야. 논리정연하게 설명하지 못해도 괜찮고, 단어 선택을 잘못해도 괜찮아. 한 번에 전부 다 이해하지 못해도 괜찮아. 차근차근 풀어 나가면 되니까.

노나 털실 뭉치처럼….

나 털실 뭉치라니?

유리 끝이 어딘지 알 수 없게 된 털실 뭉치 말이야. 잡아당길수록 점점 더 엉켜 버리는…. 그런 건 가위로 전부 잘라 버리고 싶어진다니까.

나 과격하기는….

노나 유리는 너무 과격해!

유리 뭐? 내가 왜 과격하다는 거야?

노나 아니… 얼마 전에도….

여중생 둘은 갑자기 얼마 전 있었던 일을 주고받기 시작했다. 둘의 이야기를 들으며 나는 다시 깨달았다. 노나와의 대화는 같은 곳을 몇 번씩 자꾸 맴돈다는 사실을.

수학에 대한 이야기까지 좀처럼 도달하질 않는다.

가르치는 건 시간이 걸린다.
가르치는 건 시간이 걸린다.
정말, 정말 시간이 걸리는 일이다.

하지만….

하지만 내가 노나와 대화를 나누는 시간은 '쓸데없지 않다.'고 생각한다.
나는 노나와 매우 중요한 대화를 하는 중이다.
그런 느낌을 받는다.

4-5 기계적으로 조작하다

자, 이제 다시 앞서 한 이야기로 돌아가 보자. 아까 봤던

$3x - 1 = x + 3$이라는 식에 이런 문장이 붙어서 하나의 문제가 되었다고 해 보자.

다음 등식을 만족시키는 숫자 x를 구하시오.

$$3x - 1 = x + 3$$

유리 $x = 2$다!

노나 ….

나 여기서는 '다음 등식을 만족시키는 숫자 x를 구하시오.'라는 문장이 있으니까 x가 수를 나타내고 있다는 사실을 알 수 있어. 똑같은 내용을 'x에 대한 일차방정식을 푸시오.'라는 문장으로 표현할 수도 있지. 너희도 이런 글을 수학 교과서에서 본 적이 있을 거야. 완전히 똑같지는 않겠지만.

노나 네, 있어요.

나 그것참 다행이네. 수학 시간에 선생님이 이런저런 설명을 하시잖아. 그때 선생님이 문장과 수식을 사용해서 수학적인 내용을 우리에게 전달하시지?

유리와 노나가 동시에 고개를 끄덕였다.

ᄂ 대부분 문장과 수식이 모두 나올 거야. 문장이 없어도 의미를 알 수 있을 때는 수식만 나올 때도 있지. 그리고 문장에서 수학적인 내용을 파악해서 이를 수식으로 적는 연습을 하는 경우도 있어.

유리와 노나가 또다시 동시에 고개를 끄덕였다.
늘 이런 식으로 반응을 해 주면 설명하기가 무척이나 쉬울 텐데….

　ᄂ 수식은 무척 편리해. 왜냐면 애매해지기 쉬운 내용도 정확히 표현할 수 있거든.

그 말에 유리와 노나가 고개를 끄덕였다.

　ᄂ 그리고 수식은 기계적으로 조작해서 다른 수식을 얻을 수 있어. 여기에도 큰 가치가 있지. 무슨 이야기인지 알아?

유리와 노나가 고개를 가로저었다. 모른다는 뜻이다.
마치 싱크로나이즈드 스위밍 선수처럼 동작이 딱딱 일치하는 두 사람.

어쩜 저렇게 귀엽담.

나 기계적으로 조작한다는 건 이항 같은 것을 말하는 거야. 이
러한 등식이 있다고 하자.

$$3x - 1 = x + 3$$

즉, x가 어떤 숫자를 나타내고 있는지는 알 수 없지만 '$3x - 1$
과 $x + 3$을 각각 계산한 결과가 같다.'라는 것은 알 수 있는 거지.

노나 네···.

유리 이해했어.

나 이때 우변에 있는 x를 좌변으로 이항해서

$$3x - 1 \qquad = x + 3$$
$$3x - 1 - x = \qquad 3$$

처럼 등식 $3x - 1 = x + 3$을 만들 수 있어. x가 어떤 수든
지, 무엇을 나타내는 수든지 이항할 수 있어. 이렇게 '무엇
을 나타내는지 신경 쓰지 않고 변형할 수 있는' 점은 수식
이 지닌 큰 힘 가운데 하나야. 그 점을 기계적으로 조작한

다고 한 거지.

나는 두 사람의 표정을 찬찬히 살펴보면서 이야기를 이어 나갔다.

좋아. 둘 다 잘 따라오고 있군.

나 수식은 무엇을 나타내고 있는지 신경 쓰지 않고 변형할 수 있어. x가 점의 좌표를 나타내고 있는지, 케이크의 수를 나타내고 있는지, 걷는 거리를 나타내고 있는지 하나도 신경 쓸 필요가 없어.

유리 '수식의 세계'구나!

노나 수식의… 세계.

나 그 말대로야. 노나는 그림 그리는 걸 좋아한다고 했지?

노나 네! 정말 좋아해요.

나 만약에 노나가 '회화의 세계'와 '수식의 세계'를 연결 지을 수 있다면…. 즉, 그 두 개의 세계에 다리를 제대로 놓을 수 있다면 '수식의 세계'의 힘을 전부 노나의 '회화의 세계'로 가져올 수도 있을 거야!

노나 …!

나 이제 식 변형에 대한 이야기를 좀 더 해 볼게. 괜찮아? 피곤

하지는 않아?

노나 괜찮아요!

나 이런 등식이 성립해 있다고 하자.

$$3x - 1 = x + 3$$

그러면 이 우변의 x를 좌변으로 이항한 등식도 성립될 거야. 즉 이런 거지.

$$3x - 1 - x = 3$$

그리고 $3x - 1 - x$라는 좌변의 항의 순서를 바꾼 등식도 성립하겠지. 예를 들어 -1과 $-x$를 교환한 이런 등식의 경우처럼 말이야.

$$3x - x - 1 = 3$$

198

이번에는 $3x$와 $-x$ 같은 동류항을 찾아 정리해 보자. 이렇게 하면 동류항을 정리한 등식을 얻을 수 있는데, 이 또한 등식이 성립해. 이런 식으로 말이야.

$$2x - 1 = 3$$

이런 식으로 수식의 변형을 반복해. 그리고 '성립하는 등식'을 차례차례 만들어 나가지. 이런 기계적 조작이 수학에서는 종종 등장해.

노나 좀 더…, 좀 더 할 수 있어요.

나 좀 더?

노나 $2x - 1 = 3$에서 좀 더 만들 수 있어요.

나 응? 어떤 식으로?

노나 $2x - 1 = 3$이니까 $2x = 3 + 1 = 4$니까 2예요.

나 그래, 맞아! 마지막에 '2예요.'라고 말한 건 '$x = 2$'라는 의미지?

노나 제가… 틀렸나요?

나 아니 아니, 틀렸다는 게 아니야. 지금은 등식의 변형 이야기를 하고 있으니까 단순히 2가 아니라 $x = 2$라는 등식의 형태로 말한 것뿐이지. 노나, 네가 해 준 식 변형도 추가해서 다시 정리해 보자.

$$3x - 1 = x + 3 \qquad \text{최초의 등식}$$

$$3x - 1 - x = 3 \qquad \text{우변의 } x \text{를 좌변으로 이항한 등식}$$

$$3x - x - 1 = 3 \qquad \text{좌변의 } -1 \text{과 } -x \text{를 교환한 등식}$$

$$2x - 1 = 3 \qquad \text{좌변의 동류항을 정리한 등식}$$

$$2x = 3 + 1 \qquad \text{좌변의 } -1 \text{을 우변으로 이항한 등식}$$

$$2x = 4 \qquad \text{우변의 } 3+1 \text{을 계산한 등식}$$

$$x = 2 \qquad \text{양변을 } 2 \text{로 나눈 등식}$$

노나 이 해법은 암기하고 있었어요.

나 그렇구나. 넌 이런 일차방정식은 풀 수 있구나. 푸는 방법을 외우고 있으니까.

노나 왼쪽에 x를 모으고, 오른쪽에 x가 아닌 것을 모은 다음에 나누기를 하면 답이 나와요.

나 응, 그렇게 하면 되지. 일차방정식을 푸는 방법은 하나도 틀리지 않았어.

노나 네….

나 그런데 넌 왜 그렇게 하면 일차방정식을 풀 수 있는지 알아?

노나 몰라요…. 모르겠어요.

유리 오빠, 노나가 하는 방법에 뭔가 불만이라도 있어?

나 아니, 그렇지 않아. 일차방정식을 풀기 위해 '왼쪽에 x를 모으고 오른쪽에 x가 아닌 것을 모은 다음 나누기를 하는 것'은 좋지만, 그렇게 해서 일차방정식을 풀 수 있는 이유를 확인했으면 하는 거야. 우리는 맨 처음에 제시된 등식에서 마찬가지로 등식이 성립되는 여러 식들을 만들어 온 셈이잖아. 이항을 하거나 교환을 하거나 동류항을 모으거나 양변을 2로 나누거나 하면서 말이야.

노나 네….

나 지금까지 해 온 수식의 변형 하나하나를 동치변형이라고도 해.

유리 동치변형?

노나 이 말은 암기… 암기할까요?

나 암기하지 않아도 되지만 한번 '동치변형'이라고 말해 봐.

노나 동치… 변형….

나 그래. 동치변형은 정말 근사한 거란다.

유리 수식 마니아가 또다시 등장했네.

나 두 개의 수식 ㉮와 ㉯가 있을 때

- ㉮가 성립하면 ㉯가 성립한다. ㉮ $\implies$ ㉯

- ㉯가 성립하면 ㉮가 성립한다. ㉮ $\Longleftarrow$ ㉯

라고 해. 이때 두 개의 수식 ㉮와 ㉯는 동치라고 해.

$$㉮ \Longleftrightarrow ㉯$$

그리고 동치변형이라는 것은 어느 수식을 동치인 수식으로 변형하는 것을 말해. 우리는 수식 $3x - 1 = x + 3$에서 동치 변형을 반복해 동치인 수식 $x = 2$를 얻었어. 즉,

- $3x - 1 = x + 3$이 성립하면 $x = 2$가 성립한다.
$$3x - 1 = x + 3 \quad \Longrightarrow \quad x = 2$$
- $x = 2$가 성립하면 $3x - 1 = x + 3$이 성립한다.
$$3x - 1 = x + 3 \quad \Longleftarrow \quad x = 2$$

라는 거지. $3x - 1 = x + 3$과 $x = 2$는 동치다.
$$3x - 1 = x + 3 \quad \Longleftrightarrow \quad x = 2$$

그래서 우리는 등식 $3x - 1 = x + 3$을 만족시키는 숫자 x를 구하라는 질문에 $x = 2$라고 답할 수 있는 거야. 왜냐하면

- $3x - 1 = x + 3$을 만족시키는 x는 반드시 $x = 2$를 만족시킨다.

- $x = 2$를 만족시키는 x는 반드시 $3x - 1 = x + 3$을 만족시킨다.

이기 때문이야. 이렇게 해서 일차방정식을 푼다는 것이 어떤 것인지 그 의미를 이해하는 거지. 어째서 선생님이 가르쳐 주시는 순서대로 하면 일차방정식이 풀리는지 그 이유를 이해하는 거고. 이처럼 이해를 먼저 한 다음에 기계적인 조작을 빨리할 수 있게 되는 것은 좋지만, 이해를 제대로 하지 못한 상태에서 기계적인 조작만 빨라지는 것은 좋지 않아. 물론 처음에는 제대로 이해하지 못한 채로 조작하는 방법을 암기하게 될지도 몰라. 하지만 그렇게 했을 때 어째서 문제가 풀리는지 한 번도 생각해보지 않는다는 것은 좋지 않아. 왜냐하면….

유리 오빠, 천천히 좀 말해.

나 아차!

유리 오빠는 몇 번을 말해도 고쳐지질 않더라. 말이 자꾸만 빨라지는 그 버릇이.

나는 유리의 말에 그만 충격을 받았다.

몇 번을 말해도 고쳐지질 않는다니…. 맙소사!

유리의 말이 맞다.

말을 빨리해서는 안 된다는 것을 알면서도 어째서인지 말을 하다 보면 나도 모르게 빨라질 때가 있다. 아무리 의식해도 그리 쉽게 고쳐지질 않는다.

노나도 나와 같지 않을까?

그런 말버릇을 고쳐야 한다는 것을 알면서도 자기도 모르게 자꾸 그렇게 말해 버릴 때가 있을 것이다. 아무리 평소에 의식을 해도 그리 쉽게 고쳐지지는 않을 것이다.

내가 받은 충격은 그것뿐만이 아니었다.

나는 한 가지 사실을 더 깨닫고 말았다.

내 말이 자꾸 빨라지는 건 흥분했을 때만이 아니었다.

내 말이 빨라지는 건 노나가….

노나 저기…, '전부 모르겠다.'라고 말하면 안 되는 건가요?

나 말해도 괜찮아. 노나, 넌 무슨 말을 해도 괜찮다니까. '전부 모르겠다.'라고 말하고 싶나 보구나.

노나 그냥 처음부터 하나도 모르겠어요. 이해가 되질 않아요!

나　괜찮아. 그래도 돼. 시간은 아직 많이 있으니까. 네가 말하
　　는 '처음'이 어디일까. 나한테 말해 주었으면 좋겠는데.

노나　일차방정식이란 게 뭘까요? 그게… 뭐예요?

4-7 일차방정식

'아니 잠깐만.' 하고 나는 생각했다.

노나는 이항도 할 줄 알고, 방금 전에도 일차방정식을 푸는 법
을 알고 있지 않나.

그런 상태에서 '일차방정식이라는 게 무엇이냐?'라는 질문이
나오다니 정말 놀라운 일이다.

하지만 여기서 다시 설명이 빨라져서는 안 된다.

엉킨 털실 뭉치를 풀려면 시간이 걸리는 법이다.

나　노나, 넌 일차방정식이 뭔지 몰라?

노나　신경 쓰이는 게… 있어서요.

나　뭐든지 궁금한 게 있으면 물어도 된다고 내가 말했었지?

노나가 고개를 끄덕였다.

유리 노나야, $2x - 1 = 3$ 같은 게 일차방정식이야.

노나 $ax + b = 0$이 아닌걸.

유리 뭐야, 잘 알고 있으면서. $2x - 1 = 3$이야 3을 이항하면 $2x - 4 = 0$인걸.

노나 ….

나 노나는 $ax + b = 0$이라는 것이 일차방정식이라고 알고 있구나.

노나 그렇게… 외웠어요.

나 아까부터 우리는 줄곧 $3x - 1 = x + 3$이나 $2x - 1 = 3$, $2x = 4$ 같은 등식에 대해 이야기했는데, 이것들은 전부 일차방정식이 돼.

노나 $ax + b = 0$은?

나 $ax + b = 0$은 일차방정식을 일반적으로 쓴 것이야.

노나 ….

나 $2x - 4 = 0$은 x에 대한 일차방정식이지만, 어디까지나 일차방정식 가운데 하나에 불과해. 구체적인 예라는 뜻이야. 일차방정식은 그 밖에도 무수히 많이 존재해.

노나 무수히 많이….

나 우리는 무수히 많은 일차방정식을 간단히 정리해서 생각하고 싶거든. 그래서 $ax + b = 0$처럼 a나 b 같은 글자를 사용해서 적은 거야. 그런 방법을 '일반적으로 쓴다.'라거나 '일반적으로 표현한다.'라고 해. 어렵지 않지?

노나 네, 괜찮아요.

하지만 노나의 눈은 여전히 흔들리고 있었다.

으음, 일차방정식에 대해 제대로 이야기하는 편이 나으려나.

이때 부엌에 계셔야 할 엄마가 노나의 곁으로 스윽 다가오더니 노나의 귓가에 뭔가를 속삭였다.

노나가 갑자기 고개를 꾸벅 숙여 인사하고는 엄마를 따라 나섰다.

나 어? 어, 뭐야?

유리 노나가 화장실 가고 싶었는데 말 못하고 있었나 봐.

나 아, 그래? 그랬구나.

4-8 일차방정식의 정의

노나가 돌아온 후, 다시 수학 이야기를 시작했다.

나 그럼 일차방정식이 뭔지 좀 더 자세히 이야기해 볼게. 즉, 일차방정식의 정의 말이야.

노나 네.

나 $2x - 4 = 0$은 x에 대한 일차방정식이야. 이것은 일차방정식의 구체적인 예라 할 수 있어. 이 밖에도 일차방정식은 무수히 많지. 그럼 어떤 것을 일차방정식이라고 하는 걸까? 그에 대한 답이 '일차방정식의 정의'야.

일차방정식의 정의

어떤 숫자를 x로 나타내기로 한다. 그리고 그 숫자 x는

$$ax + b = 0$$

이라는 등식을 만족시킨다고 하자. 다만, a와 b는 숫자이고, a는 0과 같지 않은 것으로 한다. 이때,

- $ax + b = 0$을 x에 대한 일차방정식이라 하고
- x를 이 일차방정식의 미지수라 하며
- x를 구하는 것을 이 일차방정식을 푼다고 말한다.

노나 이건…, 외워야 하나요?

나 저기, 노나야. 외우기 전에 먼저 이 정의를 읽고 이해하려
고 해 보자. 노나는 이미 이항도 할 줄 알고, $2x - 4 = 0$ 같
은 일차방정식도 풀 수 있잖아. 그렇다는 것은 넌 이미 일차
방정식에 대해 알고 있다는 뜻이야. 그러니까 일차방정식의
정의를 읽으면 이해할 수 있을 거야.

노나 ….

나 일차방정식의 정의와 네 마음속에 있는 일차방정식을 비교
해 가면서 읽으면 돼.

유리 뭘 그렇게 복잡하게 돌아가.

나 정의를 읽는 법에 익숙해진 사람에게는 멀리 돌아가는 것
처럼 보일 수 있지. 하지만 정의를 읽는 법에 익숙해질 때
까지는 의식적으로 그 둘을 비교해 가면서 읽지 않으면 어
려울 거야.

유리 그런가?

나 일차방정식의 정의를 $2x - 4 = 0$과 비교해 가면서 함께 읽
어 보자.

노나는 내 말에 고개를 끄덕였다.

나 일차방정식의 정의에 나온 '어떤 숫자를 x로 나타내기로 한다.'라는 건 알 거야. $2x - 4 = 0$에 나온 x라는 글자 말이야.

노나 네….

나 그리고 일차방정식의 정의에는 '그 숫자 x는 $ax + b = 0$이라는 등식을 만족시키는 것으로 하자.'라는 게 있어. 여기에 나온 등식 $ax + b = 0$은 등식 $2x - 4 = 0$과 동일한 형태를 하고 있을까?

노나 $ax + b = 0$과 $2x - 4 = 0$을 비교해 보면….

나 그래! 바로 그거야! 일차방정식의 정의에서 일반적으로 쓰이고 있는 등식 $ax + b = 0$과 노나, 네가 구체적인 예로 알고 있는 $2x - 4 = 0$을 비교해 보는 거야.

유리 a가 2고, b는 -4겠네.

나 그런 거지. 노나, 넌 이해가 됐어?

노나 플러스… 플러스는….

나 응. 네가 찬찬히 비교해 봐. $ax + b = 0$에는 플러스(+)가 나오지만, $2x - 4 = 0$에는 플러스가 나오지 않지. 이건 어떻게 되는 걸까?

유리 아니, -4를 더했잖아!

나 바로 그거야. 등식 $2x - 4 = 0$은 의미가 전혀 바뀌지 않는 등식 $2x + (-4) = 0$으로 수식을 변형할 수 있어. 이렇게 하

210

면 플러스가 나오겠지? 그렇게 해서 비교하면 $ax + b = 0$ 의 b에 해당하는 것이 −4라는 것을 알 수 있지. 노나야, 이 제 알겠어?

$$
\begin{array}{ccccccc}
a & x & + & b & = & 0 \\
\vdots & \vdots & & \vdots & & \vdots \\
2 & x & + & (-4) & = & 0
\end{array}
$$

노나 그렇게 고쳐도 돼요? 괜찮아요?

나 고친다는 건 식 변형을 말하는 거지? 응, 괜찮아. 등식 $2x − 4 = 0$은 등식 $2x + (−4) = 0$과 똑같은 의미니까. 의미가 바 뀌지만 않는다면 식은 자유롭게 변형해도 괜찮아. $ax + b = 0$처럼 일반적인 형태로 쓰는 것은 확실히 편리하기는 하지 만, 지금처럼 수식을 자잘하게 고쳐서 비교할 필요가 있어. 그 점은 익숙해지지 않으면 좀 어려울지도 몰라.

노나 네….

나 어쨌거나 노나, 너 식의 형태를 제대로 봤구나. $ax + b = 0$에는 플러스가 나오지만, $2x − 4 = 0$에는 플러스가 나오지 않는다는 차이점을 금세 알아차렸잖아!

나는 조금 호들갑스럽게 말했다.

그러자 노나가 쑥스럽다는 듯이 양손으로 볼을 감싸 쥐었다.

노나 이제 알았어요….

나 자, 이렇게 지금까지 일차방정식의 정의에 나온 일반적인 등식 $ax + b = 0$과 네가 알고 있던 구체적인 등식인 $2x - 4 = 0$을 비교해 봤어. 이제 조건을 확인해 보자.

4-9 조건을 확인하다

유리 다만 씨가 나타났다!

나 뭐?

유리 여기, '다만' a와 b는 숫자이고, a는 0과 같지 않은 것으로 한다.

나 부사를 그렇게 의인화할 필요는 없잖아. '다만'이라는 건 필요한 정보를 덧붙일 때 말머리에 붙이는 부사지? 일차방정식의 정의에서는 '다만, a와 b는 숫자이고, a는 0과 같지 않은 것으로 한다.'라고 했어. $ax + b = 0$이라고 적은 것에서 a와 b는 숫자로 하는데, 그중에서도 특히 a에는 '0과 같지 않다.'라는 조건을 붙인 거야. 정의를 읽을 때는 이러한 조건을 주의해야 할 필요가 있어.

유리 조건.

노나 조건….

나 여기서는 조건을 'a는 0과 같지 않다.'라는 말로 표현했지만, 이 조건을 $a \neq 0$이라는 수식으로 표현하는 경우도 많아. 일차방정식인 것을 나타내기 위해서

$$ax + b = 0 \qquad (a \neq 0)$$

같이 조건 $a \neq 0$을 적거나 해.

노나 조건….

나 그다음을 보면 일차방정식의 정의에 '미지수'나 '일차방정식을 푼다.'라는 표현도 나와 있어. 일차방정식에서 미지수라는 것은 $ax + b = 0$이나 $2x - 4 = 0$에서 x를 가리켜. 그리고 '일차방정식을 푼다.'라는 것은 일차방정식을 만족시키는 숫자 x를 구하는 것을 뜻해. 이건 어렵지 않지?

노나 네…. 괜찮아요.

그러자 이번에는 웬일로 유리가 손을 들었다.

유리 선배! 질문이 있어요!

나 유리야, 갑자기 왜 그래?

유리 헤헤헤, 테트라 언니의 흉내를 내 본 건데.

나 뜬금없기는. 질문이 뭐야?

유리 등식과 일차방정식은 같은 거야?

나 등식이라는 건 쉽게 말하면 A = B처럼 등호(=)가 나오는 수식을 말해. 좌변과 우변의 값이 같다는 것을 나타내는 수식이지.

유리 일차방정식은 달라?

나 일차방정식의 정의에 나온 $ax + b = 0$은 등식이지?

유리 $ax + b$와 0이 같다는 것을 등호로 나타내고 있으니까.

나 바로 그거야. 등식에는 다양한 형태가 있는데, 일차방정식의 정의에 나온 것처럼 $ax + b = 0$이라는 특별한 형태를 한 등식만을 일차방정식이라고 말하는 거야. 그러니까 '일차방정식과 등식은 같다.'라고 말할 수 없는 거지. 예를 들어 1 + 2 = 3은 등식이지만 일차방정식이 아니니까.

유리 아하, 그렇지.

나 하지만 일차방정식은 등식을 이용해 정의한다고 말할 수는 있지.

유리 알겠어요, 선배!

나 그런 흉내 좀 내지 마.

유리 쳇!

나 식, 수식, 등식, 일차방정식처럼 앞으로도 다양한 식이 나올 거야. 하지만 어디에서든 등호(=)의 의미는 동일해. 등호는 좌변과 우변이 같다는 것을 나타내지.

노나 어떻게 주의할지…. 음, 어떻게 주의해야 해요?

나 어?

노나 조건을 주의하라는 게 어떤 의미예요?

나 뭐라고?

노나의 반응은 마치 메아리 같았다.

다른 화제에 대해 한참 떠들다 보면 다시 예전 화제에 대한 반응이 돌아온다.

나는 아까 일차방정식의 정의에 대해 설명하면서 'a는 0과 같지 않다.'라는 조건을 이야기했다. 그때 '조건에 주의할 필요가 있다.'라고 별생각 없이 말했었다. 그런데 노나는 그 말을 지금까지 고민하고 있었던 것이다.

노나 제가 뭘… 잘못 말했나요?

나 아니야, 그렇지 않아. 넌 '조건에 주의하라.'라는 말이 어떤 의미인지 궁금했나 보구나.

노나는 고개를 크게 끄덕이더니 흘러내린 안경을 양손으로 고쳐 썼다.

나 네가 궁금해하는 점이 뭔지 말해 주면 도움이 될 것 같은데.

노나 뭐든지 물어도 돼요?

나 그럼. 뭐든지 물어봐도 돼. '조건을 주의하라.'라는 건 조건이 나왔을 때 대충 건너뛰지 말고 잘 읽어 보라는 뜻이야.

노나 ….

나 수학책에 나오는 설명에는 쓸데없거나 불필요한 말이 거의 들어가질 않거든. 그러니 만약 어떤 조건이 나왔다면 거기에는 반드시 의미가 있어. 이야기에서 틀림없이 어떤 중요한 역할을 하게 될 거라고.

유리 아, 나 뭔지 알겠어!

나 아, 역시 유리는 그런 점을 잘 알아차린다니까. 예를 들어 일차방정식의 정의에 나온 'a는 0과 같지 않다.'라는 조건은 일차방정식을 풀 때 중요한 역할을 하지.

유리 a로 나눠야 하니까. 0으로 나눌 수는 없잖아.

나 바로 그거야. 내가 '조건에 주의하라.'고 한 건 수학 설명에 등장하는 조건은 매우 중요하니까 대충 건너뛰거나 깜박하거나 무시하지 말라는 뜻이야.

노나 네….

4-10 '자신의 이해에 관심을 갖기'

나 자, 지금까지 '일차방정식이란 무엇인가'에 대해 이야기해 봤어. 그리고 수학에서 정의를 어떻게 읽어야 하는지도 이야기해 보았고. 어땠어? 이제 좀 알 것 같아?

노나 네, 괜찮아요. 아마도요….

나 많은 이야기를 했으니까 조금 정리해 볼게.

나는 말이 빨라지지 않게 주의하고 노나의 표정을 살피며 천천히 말을 이어 나갔다.

- 노나는 $2x - 4 = 0$이라는 일차방정식을 알고 있다.
- $2x - 4 = 0$은 일차방정식의 구체적인 예 가운데 하나다.
- 일차방정식은 이밖에도 많이 있다.
- 그렇다면 일차방정식이란 무엇일까?

- 일차방정식의 정의를 읽어 보자.
- 정의를 무작정 통째로 외우려고 들지 말 것.
- 정의를 구체적인 예와 비교해 가면서 읽고 이해하려 노력해 보자.
- 조건을 대충 읽고 건너뛰지 않게 주의하자.

나 여기까지는 괜찮아?

노나 네, 괜찮아요.

나 수학에 나오는 설명은 보통 이런 식으로 읽어.

노나 어려워요….

나 아직 익숙하지 않은 동안에는 어렵게 느껴질 테고, 곧바로 이해가 가지 않을 수도 있어. 오히려 더 머릿속이 뒤죽박죽 될지도 모르지. 하지만 느려도 되니까 하나씩 차근차근 읽어 나가 봐. 그게 매우 중요하니까. 일반적인 형태가 나왔을 때 네가 알고 있는 구체적인 예와 비교해 보는 것도 잊지 마.

노나 비교해….

나 네가 본 내용이 아무리 어려워 보이고, 아무리 추상적이고, 아무리 일반적인 것이라 해도 구체적인 예와 비교해 보는 게 중요해. '예시는 이해의 시금석'이라는 말처럼 구체적인 예는 자신이 내용을 제대로 이해하고 있는지 아닌지 확인할 수 있는 중요한 도구니까.

유리 예시는 이해의 시금석.

노나 예시는… 이해의 시금석….

나 아무 생각 없이 무작정 통째로 외우려 드는 태도는 바람직하지 않아. 나는 네가 좀 더 중요하게 생각했으면 하는 게 있어. 그건 바로 '자신이 진짜 이해하고 있는지 확인하는 태도'야.

노나 ….

나 다시 말해, '자신의 이해에 관심을 갖는' 태도가 중요해.

유리 뭔가 말이 너무 추상적인데.

나 구체적인 예를 들어 볼까? 노나야, 아직 피곤하지 않아?

노나 졸리지 않아요.

나 그것참 다행이네. 그럼 아무거나 좋으니까 'x에 대한 일차방정식'의 구체적인 예를 만들어 봐.

노나 이미… 있잖아요.

나 응. 이미 $2x - 4 = 0$이라는 구체적인 예가 있기는 하지. 하지만 네가 다른 일차방정식을 한번 만들어 봤으면 좋겠어.

유리 나! 나! 내가 할래! $33333x + 10000 = 0$!

나 네가 만든 건 좀 과하긴 하지만, 아주 인상적인 예이기는 하네.

유리 하지만 맞잖아.

나 물론 맞지. 노나도 'x에 대한 일차방정식'의 구체적인 예를
만들어 보자! 아무거나 괜찮아!

이렇게 자연스럽게 노나의 참여를 유도해 봤지만, 어째 노나
의 반응이 좋질 않았다.

노나가 갑자기 앞머리를 만지작거리기 시작했다.

나 일차방정식의 구체적인 예를 만드는 게 어려워? 정말 아무
거나 괜찮은데.

노나 $2x - 5 = 0$이어도⋯ 괜찮아요?

나 그럼! 잘했어! $2x - 5 = 0$도 x에 대한 일차방정식이지. 다
른 건 또 뭐가 있을까? 생각나는 게 있으면 뭐든지 말해 봐.

노나 뭐든지요? 정말 뭐든지 괜찮아요?

나 응, 뭐든지 괜찮으니까 구체적인 예를 만들었으면 좋겠어.
노나, 네가 일차방정식을 제대로 이해했는지 아닌지 알고
싶어서 그래. 나는 네가 얼마나 이해했는지 확인하고 싶거
든. 그리고 물론 너도 네가 얼마나 이해했는지 직접 확인해
봤으면 좋겠고.

노나 뭐든지 괜찮다니까 더 어려워요.

아, 정말 쉽지 않네.

만약 유리에게 뭐든 괜찮으니 만들어 보라고 한다면 아마 쉴 새 없이 예를 만들어 낼 것이다. 터무니없이 크거나 복잡한 숫자를 일부러 넣어서 만들겠지. 방금 전에 $33333x + 10000 = 0$이라는 식을 만든 것처럼. 하지만 노나에게는 '뭐든지 괜찮으니까' 한번 말해 보라고 유도한 것이 어째 노나를 더 혼란스럽게 한 모양이었다.

노나와 대화할 때는 유리를 대할 때와는 확실히 다른 방법이 필요한 것 같았다.

대체 노나는 어떤 점이 마음에 걸린 걸까? 노나는 일차방정식을 나름대로 잘 이해한 것처럼 보였다. 일차방정식을 풀 줄도 안다. 그런데도 일차방정식의 구체적인 예를 자유롭게 만들어 보라고 하니 망설이기 시작했다.

거참 신기할 따름이다.

정말이지 알 수가 없다.

나는 이런 노나가 정말 신기하게 보였다.

노나는 말하자면 지금 자기 방에 틀어박힌 상태다. 노나가 문을 열고 밖으로 나올 때까지 정확히 알 수 있는 것은 아무것도 없다.

베레모를 쓰고 동그란 안경을 낀 저 아담한 체구의 소녀에게 내가 해 줄 수 있는 일은 오직 한 가지뿐이었다.

걱정하지 않아도 돼. 문을 열고 나와 네가 지금 무슨 생각을 하고 있는지 가르쳐 주었으면 좋겠어. 그런 마음으로 살며시 문을 두드리는 것뿐이었다.

나 뭐든지 괜찮다고 해도 구체적인 예를 만드는 게 어렵나 보구나.

노나 틀리면 어떡해요.

나 뭐? 노나야, 틀려도 괜찮다니까!

노나 ….

4-11 틀려도 돼요?

나 지금 우리는 그냥 수학에 대해 수다를 떨고 있는 것뿐이야. 나, 너, 유리, 이렇게 셋이서 생각나는 것들을 그냥 편히 말하면 돼. 틀리면 좀 어때. 나나 유리도 틀릴 때가 종종 있는데.

노나 틀려도… 화내지 않을 거예요?

유리 화를 왜 내? 그럴 리 없잖아.

나 노나야, 아무도 화내지 않을 거야. 여기는 우리 셋밖에 없으니까 틀려도 부끄러워할 필요 없어. 오히려 한 번쯤 틀려 봐야 내용을 더 깊이 이해할 수 있는걸. 그러니까 안심하고 일차방정식의 구체적인 예를 한번 만들어 봐!

노나 $2x - 6 = 0$도 일차방정식….

나 이봐, 잘하잖아! 넌 일차방정식의 구체적인 예로 $2x - 5 = 0$과 $2x - 6 = 0$이라는 식을 만들어 주었어. 이건 정확한 예라고. 조금도 틀리지 않았어.

노나 다행이다….

노나는 안심한 듯한 표정을 지었다.

틀리는 게 그렇게 창피했구나.

나 노나가 만들어 준 예는 전부 $2x - \heartsuit = 0$이라는 형태네. 이것과는 다른 형태의 일차방정식도 만들어 볼 수 있을까?

노나 $3x - 5 = 0$이나….

나 잘했어! 노나, 네 머릿속에는 훨씬 더 많은 일차방정식이 있지 않아?

노나 많이… 보여요.

나 그렇지? 이제부터는 '뭐든 괜찮으니 구체적인 예를 한번 만들어 봐.'라는 말을 들으면 네 머릿속에 둥둥 떠다니는 수많은 것들 중에서 적당한 것을 골라 나한테 말해 주면 돼.

노나 뭘 말해도 화내지 않을 거예요?

나 화내지 않을 거야. 네가 어떤 말을 하든 간에 우리 중 그 누구도 너에게 화내지 않을 거라고. 만약 잘못된 예를 말했다 하더라도 '이건 틀렸구나.' 하고 자신이 잘못 이해한 내용을 확인할 수 있으니까 오히려 좋은 기회라고.

노나 너무 많아서…, 정답이 뭔지 모르겠어요.

유리 정답 같은 건 없어! 아니, 전부 정답이긴 하지!

나 맞아. 구체적인 예는 얼마든지 만들 수 있으니까 정답도 무수히 많아. 그러니까 가장 좋은 예나 가장 정확한 예를 무리하게 찾을 필요는 없어. 그래! 그럼 유리 양한테는 일차방정식의 잘못된 예를 일부러 만들어 달라고 하자.

유리 왜 갑자기 내가 '유리 양'이 된 거야. 일차방정식이 '아닌' 예를 만들면 돼? 그거야 간단하지! $3x^2 + 5x + 1 = 0$이라든가!

나 맞아. $3x^2 + 5x + 1 = 0$은 등식이지만, x에 대한 일차방정식이 '아니지'. 노나는 어째서 이게 일차방정식이 아닌지 알겠어?

노나 형태가 다르니까요….

나 오, 그렇지! 대답 잘했어! 노나가 말한 '형태'가 다르다는 말은 식의 형태가 다르다는 말이겠지? 어떤 식과 어떤 식의 형

224

태가 다르다고 생각했어? 걱정하지 말고 말해 봐. 네 대답은 맞았으니까.

노나 $3x^2 + 5x + 1 = 0$과 $ax + b = 0$은 식의 형태가 달라요.

나 대단해! 바로 그거야. 지금 유리가 만든 $3x^2 + 5x + 1 = 0$이라는 식의 형태는 일차방정식의 정의에서 나온 $ax + b = 0$이라는 식의 형태와 다르지. $3x^2 + 5x + 1 = 0$에는 $3x^2$이라는 'x^2의 항'이 있지만, $ax + b = 0$에는 'x^2의 항'이 없어.

노나가 고개를 힘차게 끄덕였다.

나 일차방정식이라는 그 정의를 볼 때 반드시 $ax + b = 0$이라는 형태를 하고 있어야 해. 하지만 $3x^2 + 5x + 1 = 0$은 $ax + b = 0$의 형태가 될 수 없어. 그래서 $3x^2 + 5x + 1 = 0$은 일차방정식이라고 할 수 없어. 이것 봐. 이렇게 일차방정식의 정의를 정확히 이해하고 나니까 이제 너도 어떤 게 일차방정식이고 어떤 게 일차방정식이 아닌지 판단할 수 있잖아. 수학에서는 그만큼 정의를 이해하는 게 중요해.

유리 정의.

노나 정의….

나 지금 나는 노나에게 일차방정식의 구체적인 예를 만들어 보라는 도전을 시켜 봤어. 이렇게 구체적인 예를 만드는 도전은 뭔가의 정의를 읽은 뒤에 했을 때 재미있는 법이야.

노나가 고개를 재차 끄덕였다.

나 그럼 이번에는 퀴즈를 한번 내 보는 것도 재미있겠다. 예를 들어 $3x + 12345 = 0$은 x에 대한 일차방정식일까 아닐까?

노나 일차방정식이에요.

나 정답! $3x + 12345 = 0$은 x에 대한 일차방정식이 맞아.

노나 내가 정답을 맞혔어….

유리 나도 퀴즈 내 볼래! $3x^2 + 5x + 1 = 0$은 x에 대한 일차방정식일까 아닐까?

노나 일차방정식이 아니야!

나 또 정답! 아닌 이유는 좀 전에 설명했었지.

노나 또 맞혔어….

나 다음 퀴즈. $x = 2$는 x에 대한 일차방정식일까 아닐까?

노나 으음…, 모르겠어요.

유리 노나, 그렇게 바로 모르겠다고 하는 건 생각도 하지 않았다는 뜻이잖아.

노나 난 머리가 나빠서 당장은 모르겠단 말이야!

나 노나, 넌 머리가 나쁘지 않아. 지금 유리가 한 말은 생각해보려고 하지도 않고 그냥 기계적으로 '모르겠다.'라고 대답한 게 아니냐는 거야. 생각해보지 않았으니까 모르는 게 당연하지.

노나 모르겠어…. 모르겠어요.

나 있잖아, 노나야. 틀려도 괜찮아. 부끄러운 일이 아니야. 그러니까 $x = 2$는 x에 대한 일차방정식인지 아닌지 한번 천천히 생각해보자.

노나 전혀 모르겠다고요….

나 노나는 일차방정식의 정의에 대해 알고 있지?

노나 아까….

나 그래, 아까 이야기한 그거 말이야. 일차방정식의 정의.

노나 알아요…. 그건….

나 '$x = 2$는 x에 대한 일차방정식일까 아닐까?'라는 질문을 듣자 어떤 식으로 생각해야 할지 알 수가 없어졌다고 하자. 그럴 때는 '정의로 돌아가라.'라고 말하고 싶어. 일차방정식이란 무엇인가. 그 질문에 대한 답이 정의니까 말이야. 일차방정식의 정의와 $x = 2$를 비교해 보는 것, 그것이 생각한다는 거야.

노나 a도 b도 아닌데….

나 그렇지. 일차방정식의 정의에는 $ax + b = 0$이라는 형식이 있었지? 그것과 $x = 2$를 어떻게 비교하면 좋을지 망설여질 수도 있어. 하지만 노나는 이항을 알고 있잖아. 그러니까 $x = 2$라는 식을 변형시켜서 $ax + b = 0$이라는 형태에 가깝게 만들어 볼 수는 있을 거야. 안 그래?

노나 이항해도 돼요?

나 되고말고. 그럼 어떻게 될까?

노나 $x - 2 = 0$이고, a는 1, b는 −2요⋯.

나 잘했어! 노나, 너 정말 정확히 이해했구나. $x = 2$의 2를 이항하면 $x - 2 = 0$이 되지. $x - 2 = 0$과 $ax + b = 0$을 비교해서 $a = 1$이고, $b = -2$라는 것도 알았어. 특히 $a = 1$이라는 사실을 알아차리다니 대단해! $x - 2 = 0$은 달리 말하면 $1x - 2 = 0$과 같으니까.

노나 $x = 2$는 일차방정식이네요!

유리 노나, 정답이야!

나 정답이야. $x = 2$는 x에 대한 일차방정식이라고 할 수 있어.

노나 정답이야!

나 다음 퀴즈. $3x + 4 < 0$은 x에 대한 일차방정식일까 아닐까?

유리 이건 간단하지!

노나 틀렸어요⋯. 아니에요?

나 노나, 왜 틀렸다고 생각해?

노나 등호가 없어요….

나 맞아. x에 대한 일차방정식은 $ax + b = 0$이라는 형태의 등식이라고 정의되어 있지. 하지만 $3x + 4 < 0$은 등식이 아니니까 일차방정식이라고 할 수 없어. 정답이야!

노나 정답!

나 다음 퀴즈. $0x - 5 = 0$은 x에 대한 일차방정식일까 아닐까?

유리 앗!

노나 일차방정식… 이에요.

나 '정의로 돌아가라.'라는 말을 보면….

노나 a는 0이고, b는 -5예요.

나 일차방정식의 정의를 보면 a에 대한 조건이 있었지?

노나 아, 맞다!

나 a에 어떤 조건이 붙어 있었는지 기억나?

노나 a는 0이 아니에요…. 이건 틀렸네요.

나 다시 한 번 물을게. $0x - 5 = 0$은 x에 대한 일차방정식일까 아닐까?

노나 일차방정식이 아니에요….

나 맞아, 정답. $0x - 5 = 0$은 x에 대한 일차방정식이 아니야. 노나 너는 네가 틀린 답을 정정할 수 있었어.

노나 틀린 건…, 틀린 건데요.

나 하지만 노나야. 틀렸다고 해서 그렇게 부끄러워할 것 없어.
오히려 틀려 봐야 일차방정식의 정의를 더 정확히 이해할 수
있어. 그래야 $a = 0$과 같지 않다는 조건이 있었던 게 기억에
오래 남게 되거든. 틀리는 걸 걱정하면 이해를 넓힐 수 없고,
오래 기억하지도 못할 거야.

노나 틀려도 돼요? 그래도… 괜찮아요?

나 틀려도 괜찮아. 틀리는 걸 두려워하면 아무것도 하지 못
해. 다만, 틀렸을 때는 '어디를 왜 틀렸는지' 제대로 확인하
고 정정할 필요가 있지만 말이야. '자신의 이해에 관심을 갖
는' 태도를 유지하면 자신이 틀린 점을 확인하고 정정하는
과정이 정말 재미있어질 거야. 자신의 이해도를 더 높일 수
있으니까.

노나 틀려도… 틀려도 괜찮구나.

나 노나는 틀리는 게 겁나?

노나 혼나는 게 싫어요.

나 응?

노나 틀리면 항상 혼나는걸요. 혼나요….

나는 깨달았다.

노나는 틀리는 것 자체가 겁나는 게 아니었다.

틀리는 게 부끄러운 일도 아니다.

틀렸을 때 '혼나는 게' 싫은 것이었다!

나 노나, 넌 자주 혼나?

노나 '몇 번을 말했는데도 틀리는 거야! 바보 아니야?' 라고 혼나
　　 서…, 늘 혼나요.

갑자기 새된 소리를 내는 노나를 보고 나는 그만 할 말을 잃
었다.

대체 누가 그런 심한 소릴 하는 거야?

부모인가? 부모인 건가?

유리 노나, 넌 바보가 아니야!

유리가 노나를 꼭 끌어안았다.

노나 유리야!

나는 두 소녀를 바라보며 깊이 분노했다.

확실히 노나는 대답을 척척 하는 아이는 아닐지 모른다.

게다가 자기 스스로 생각하고 이해하는 연습 또한 부족했다. 뭐든지 무작정 외우려 드는 버릇도 있었다.

하지만 절대 이해하지 못하는 것은 아니었다. 시간을 들여 하나씩 풀어 나가면서 연습을 하면 얼마든지 이해할 수 있는 아이였다. 자신의 생각을 밖으로 드러내길 겁내는 습관에서 벗어나기만 하면, 아니 혼나는 걸 무서워하는 습관에서 벗어나기만 한다면 훨씬 더 많은 것을 이해할 수 있게 될 것이다.

대체 왜? 어째서 노나를 이렇게 겁에 질릴 정도로 혼내는 걸까?

나는 끓어오르는 분노를 좀처럼 억누르지 못했다.

하지만 지금 이 자리에서 내가 화를 내 봤자 무슨 소용이 있겠는가.

나 …있잖아, 노나야.

유리가 노나를 끌어안고 있는 모습을 보며 나는 말했다.

나 네가 틀려도 나나 유리는 화내지 않지, 그렇지?
노나 네….
나 네가 틀렸을 때 혹시 '누군가'는 화를 낼지도 몰라. 하지만 그건 신경 쓰지 않아도 돼.

노나 네….

그 순간, 내 마음속에 어떤 말이 떠올랐다.

나 그래. 노나, 넌 너 자신의 선생님이 되는 거야.

노나 답이 뭔지도 모르는데요?

나 괜찮아. 선생님이 하는 일은 정답을 가르치는 게 아니야. 선
생님이 하는 일은 이해를 돕는 거지.

노나 이해를 돕는….

나 넌 너 자신의 선생님이 되는 거야. 너 자신의 이해를 돕는
선생님이 되는 거지.

노나 선생님이… 된다….

나 이해를 돕는 선생님. 제대로 이해하고 있는지 확인하는 선
생님. 어떤 부분을 잘 이해하지 못하는지 찾는 선생님. 몇 번
을 틀려도 혼내지 않는 선생님. 시간이 걸려도 서두르지 않
는 선생님. 지치면 쉬게 해 주는 선생님. 쉬고 나면 다시 한
번 열심히 하자고 격려해 주는 선생님. 누군가 머리가 나쁘
냐, 바보냐 하고 이상한 소리를 했을 때, 아니라고 힘껏 되
받아쳐 주는 선생님. 넌 그런 선생님이 되는 거야. 너 자신

의 선생님 말이야.

노나 선생님…, 선생님이 된다고요?

나 그래. 지금 우리는 이렇게 함께 있지? 함께 있으면서 노나가 생각하는 것을 돕고 있잖아. 우리가 함께 있을 때는 언제든지 도와줄게. '예시는 이해의 시금석'이나 '정의로 돌아가라.'라는 말을 해 주면서 말이야.

유리 돌아가면서 퀴즈도 내고!

나 그래! 하지만 네가 '혼자 있을 때도' 너 자신에게 그런 말을 해 줄 수 있잖아. '예시는 이해의 시금석'이라고 말해 보거나 '정의로 돌아가라.'라고 속삭여 줄 수 있어. '차분히 생각해 봐.'라든가 '다시 한 번 해 보자.'라고 스스로에게 말할 수도 있겠지. 넌 선생님이 되는 거야. 너 자신을 위한 선생님이. 넌 틀림없이 최고의 선생님이 될 거야!

노나 나 자신의…, 선생님이 된다!

"이해는 말을 내려 준다."

제4장의 문제

●●● **문제 4-1(일차방정식)**

①~⑥ 가운데 x에 대한 일차방정식을 고르시오.

① $2x - 4 = 0$

② $2y - 4 = 0$

③ $1 + 2x = 0$

④ $1 + 2x^2 = 0$

⑤ $x = 0$

⑥ $2x + 1$

(해답은 p.327)

●● **문제 4-2(동치변형)**

두 개의 수식 ㉮와 ㉯가 있을 때,

● ㉮가 성립하면 ㉯가 성립한다.
● ㉯가 성립하면 ㉮가 성립한다.

라고 하자. 이때 두 수식 ㉮와 ㉯는 동치라고 한다. 그리고 수식

㉮를 동치인 수식 ㉯로 변형하는 것을 동치변형이라고 한다.

①~⑥의 식 변형이 동치변형이 되는지 안 되는지를 판단하시오.
⑥에 대해서는 동치변형이 되는 a의 조건에도 맞추어 답하시오.

① $3x - 1 = 3$의 양변에 1을 더해 $3x = 4$를 얻는다.

② $5x = 10$의 양변을 5로 나누어 $x = 2$를 얻는다.

③ $7x = 5x$의 양변에서 $5x$를 빼서 $2x = 0$을 얻는다.

④ $x = 3$의 양변에 2를 곱해 $2x = 6$을 얻는다.

⑤ $x = 2$의 양변을 각각 2제곱해서 $x^2 = 4$를 얻는다.

⑥ $x = 3$의 양변에 숫자 a를 곱해 $ax = 3a$를 얻는다.

(해답은 p.330)

제5장

가르치다·배우다·생각하다

"더 깊이 생각하기 위해 배우자."

여기는 우리 집 거실.

지금은 간식 시간이다.

나와 유리, 노나는 탁자 앞에 앉아 있다.

엄마 노나가 선물로 가져온 과자를 내놓아서 미안하지만, 어
  서들 먹으렴.

엄마는 이렇게 말하고는 우리 앞에 과자 상자를 내려놓았다.

유리 잘 먹겠습니다! 근데 오빠, 왜 미안하다고 하셔?

나 손님에게 받은 선물을 다시 손님에게 대접하려고 내놓으셔
  서 그렇지.

유리 그렇구나.

노나 잘 먹겠습니다.

노나는 양손에 과자를 쥐고는 방긋방긋 웃으며 먹었다.

손이 작아서 그런지 과자가 엄청 커 보였다.

엄마 이곳 과자는 진짜 맛있어. 노나야, 어머니께 감사하다고 전해 드려.

노나 네….

유리 오빠, 수학도 외워야 할 게 있긴 하지?

나 갑자기 무슨 소리야?

유리 오빠가 수학은 암기하는 게 아니라 이해해야 하는 과목이라고 늘 말하잖아. 하지만 아무것도 외우지 않으면 문제조차 풀 수 없다고.

나 암기하는 게 아니라 이해해야 하는 거라는 말 전혀 한 적이 없는데.

유리 어? 그랬나?

나 그래. 무작정 암기하려 들지 말고 먼저 이해하려고 노력해 보라고 했을 뿐이야. 이해하는 것과 암기하는 건 다른 거야. 적어도 무작정 통째로 외우려 드는 것과는 다르지.

노나 맛있다.

유리 예를 들어서 '과자가 맛있다.'라는 사실을 알고 있는 건 암기한 거야, 아니면 이해한 거야?

나 글쎄…. 과자가 어떤 과자인지 전혀 모른 채 '과자는 맛있어.'라고 주문처럼 외우기만 한다면 그건 그냥 통째로 암기하는 거겠지. '과자가 맛있어?'라는 질문을 받았을 때, 주문처럼 그냥 외우기만 한 사람도 '맛있어'라고 대답할 수는 있을 거야. 하지만 말의 의미를 이해하지 않는다면 다른 질문에는 대답하질 못하겠지.

유리 아하, 그렇구나. 난 과자를 한 개 더 이해하고 싶다냥.

유리는 고양이처럼 이렇게 말하더니 두 번째 과자를 향해 손을 뻗었다.

나 과자가 아니라 수학으로 생각해보자. 예를 들어 노나는 수식 $y = 2x$가 이 직선을 나타낸다는 것을 알고 있지?

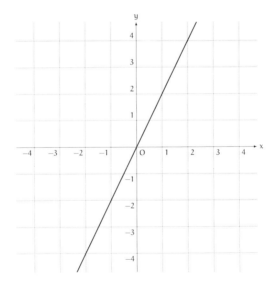

수식 $y = 2x$가 나타내는 직선

노나 네…. 알고 있어요.

나 그래, 그러니까 $y = 2x$라는 수식이 이 직선을 나타내냐고 물으면 '그렇다.'라고 대답할 수 있을 거야.

노나 네.

나 그런데 노나는 수식 $y = 2x$가 이 직선을 나타낸다는 사실을 무작정 외우기만 했어, 아니면 이해하고 있어? 네가 보기에는 어느 쪽인 것 같아?

노나 모르겠어요….

유리 잠깐만. 뭘 할 줄 알아야 '이해했다.'라고 말할 수 있는 거야?

나 이해하고 있다면 다른 질문에도 답할 수 있겠지. 질문, 문제, 물음, 또는 퀴즈. 명칭은 무엇이든 상관없지만, 어쨌거나 이해했다면 이 직선과 관련이 있는 다른 질문에 답할 수 있을 거야. 무작정 암기하기만 했다면 대답할 수 없을 테고.

노나 ….

유리 으음, 예를 들자면?

나 예를 들자면 이런 퀴즈.

점(2, 4)는 직선 $y = 2x$의 선 위에 있는가?

노나 네.

나 지금 '네.'라고 대답한 것은 '점(2, 4)가 직선 $y = 2x$의 선 위에 있다.'라는 의미일 거야. 맞지?

그러자 노나가 고개를 끄덕였다.

나 정답이야! 점(2, 4)는 직선 $y = 2x$의 선 위에 있어.

점(2, 4)는 직선 $y = 2x$의 선 위에 있다.

유리 있잖아, 그냥 점(2, 4)가 직선 $y = 2x$의 선 위에 있다고 답하기만 한 건데, 이게 정말 내용을 이해했다고 말할 수 있어?

나 내용을 전혀 이해하지 못한 상태로 무작정 외우기만 했다면 대답하지 못했을걸.

유리 흐음….

노나 $(2, 4)$는 여기요. 여기… 있어요.

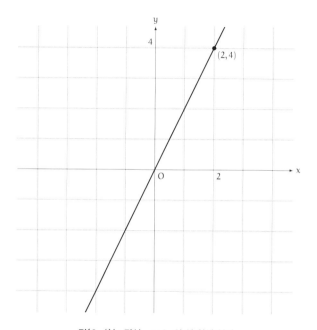

점 $(2, 4)$는 직선 $y = 2x$의 선 위에 있다.

나 맞아. 지금 노나가 한 말을 들어 봐도 역시 직선 $y = 2x$에 대
해 잘 이해하고 있다는 것을 알 수 있어. 그렇다고 늘 퀴즈만
으로 상대방이 내용을 잘 이해했는지 판단해서는 안 돼. 그
보다는 알고 있는 내용을 자신에게 설명해 보라고 하는 게

좋아. 그러면 상대방이 내용을 정말 제대로 이해했는지 아닌지 알 수 있어.

유리 설명?

나 맞아. 내용을 제대로 이해하지 못한 사람은 설명하지 못하니까. 자신이 어떤 내용을 잘 이해했는지 확인해 보고 싶다면 '스스로 자신에게 설명해 보는 것'도 좋은 방법이야.

유리 흐음, 그렇구나.

나 어쨌거나 노나는 잘 이해하고 있어.

노나 딱 보였는걸요.

나 그렇구나. 그렇다면 다른 점은 어떨까? 예를 들어 점$(12, 25)$는 직선 $y = 2x$의 선 위에 있을까, 없을까?

노나 없어…, 없어요.

나 정답이야! 점$(12, 25)$는 직선 $y = 2x$의 선 위에 없어.

노나 $(12, 24)$라면 괜찮은데….

나 네 말이 맞아. 점$(12, 24)$는 직선 $y = 2x$의 선 위에 있지.

유리 노나는 잘 알고 있지만, 점은 무수히 많잖아. 몇 개나 확인해 봐야 제대로 이해한 게 되는 거야?

나 유리야, 잠깐만. 이해 여부를 확실하게 알기 위해 점을 구체
적으로 몇 개나 확인해 봐야 직선 $y = 2x$를 이해한 게 되냐
니, 그런 건 판정을 내릴 수가 없어.

유리 으음…. 그런 건가?

나 무수히 많은 점을 다 확인해 보고 싶다면 이런 퀴즈를 낼 수
도 있지만 말이야.

●● **퀴즈 5-2(직선의 선 위에 있는가)**

점$(p, 2p)$는 직선 $y = 2x$의 선 위에 있는가?

노나 으음…. 모르겠어요.

이건 의외였다.

나는 노나가 퀴즈 5-2에 답할 수 있을 거라 생각하고 문제를
낸 것이었다.

나는 'x좌표의 값을 두 배로 한 값이 y좌표의 값과 같은 점이라
면 직선 $y = 2x$의 선 위에 있다.'라는 점을 노나가 이해하고 있다

고 판단했다. 하지만 점(p, 2p)에 대해 노나는 모르겠다고 했다.

노나는 앞머리를 만지작거리며 난감해하는 듯한 표정을 지었다.

나는 이럴 때 노나에게 어떤 질문을 해야 할까?

그 순간 내 머릿속에 좋은 생각이 떠올랐다.

나 지금 '모르겠다.'라고 대답한 건 '노나 학생'이지? 그럼 그 대신 '노나 선생님'이 대답해 봤으면 좋겠는데.

노나 네?

유리 그게 뭐야. 학생은 뭐고, 선생님은 뭐야?

나 노나 안에는 두 사람이 있잖아.

노나 두 사람?

나 그래. 두 사람이 있지. 한 사람은 학생 역할이고, 다른 한 사람은 선생님 역할인. '노나 학생'은 수학에 흥미가 있어서 배우고 싶어 하고, '노나 선생님'은 그런 노나를 응원해 주고 이해를 돕고 싶어 하는 거야. 노나가 자신의 선생님이 될 테니까 말이야!

노나 학생과…, 선생님이 있다고!

나 자, '노나 선생님'에게 묻겠습니다. 퀴즈 5-2를 냈는데, '노나 학생'이 곧바로 '잘 모르겠다.'라고 대답했습니다. '노나 학생'은 무슨 생각을 하고 있을까요?

나는 최대한 상냥한 목소리로 노나에게 물었다.

학생 역할과 선생님 역할을 맡는 두 사람이라니, 이건 그냥 불쑥 든 생각이었다.

하지만 이렇게 역할을 나누면 '자신이 무슨 생각을 하는지' 좀 더 쉽게 표현할 수 있지 않을까?

노나 노나는, 노나는…. 잘 모르는 것 같아요.

나 '노나 학생'은 어떤 걸 모르는 것 같으세요?

노나 나는 말이지요. p가 뭔지 모르는 것 같아요.

나 아하!

나는 퀴즈 5-2에서 이렇게 물었다.

점(p, 2p)는 직선 $y = 2x$의 선 위에 있는가?

여기서 나는 p라는 알파벳을 설명하지 않고 문제를 냈다. 하지만 나는,

어떤 실수 p에 대해서든

점(p, 2p)는 직선 $y = 2x$의 선 위에 있는지

묻고 싶었던 거다. p는 실수라고 말을 해야 했는데….

하지만… 나는 망설였다. 여기서 '실수'라는 말을 과연 꺼내야 할까. 실수가 무엇인지 설명하기 시작하면 노나가 혼란스러워할 수도 있다. 한꺼번에 너무 많은 내용을 머릿속에 담으려고 해 봤자 소용이 없다.

나는 망설였다.

나는 몹시 망설였다.

그래, 실수라는 말을 일단 꺼내 보자. 그러다 만약 '실수가 뭐예요?'라는 질문을 받으면 실수는 수직선으로 나타낼 수 있는 수라고 설명해야겠다. 여기서 더 구체적으로 납득시킬 필요가 있어 보이면 그때는 0이나 1이나 −3.5나 $\frac{1}{3}$이나 $-\sqrt{2}$나 π 같은 실수를 예로 들면 된다.

처음부터 전부 설명하지 말고, 실수라는 말만 꺼내자. 나머지는 대화를 나누는 도중에 상황을 봐 가면서 설명하자.

노나 ….

나 노나가 참 예리한데! 내가 퀴즈 5−2에서 알파벳 p가 뭘 나

타내는지 아무 말도 하지 않았거든. 그 말을 듣고 보니 확실히 대답하기 난감했을 것 같네. 미안해. 퀴즈 5-2를 수정할게.

●● **퀴즈 5-2a(직선의 선 위에 있는가, 수정판)**

p가 어떤 실수든 간에

점(p, 2p)는 직선 $y = 2x$의 선 위에 있는가?

노나 네….

나 지금 '네'라고 대답한 건 'p가 어떤 실수든 간에 점(p, 2p)는 직선 $y = 2x$의 선 위에 있다.'라는 의미지?

노나가 고개를 느리게 한 번 끄덕였다.
나는 순간 노나가 머뭇거린 것을 눈치챘다.

노나 ….

나 여기까지 한 말 중에 뭔가 마음에 걸리는 거라도 있어?

노나 아니에요…. 괜찮아요.

노나는 괜찮다고 했다. 하지만 내 눈에는 그렇게 보이지 않았다.

시선이 불안정한 데다 노나가 베레모 밑으로 내려온 은색 앞머리를 손끝으로 잡아당기고 있었기 때문이다.

노나가 괜찮다고 말했으니 다음 설명으로 넘어가도 되지만, 누가 봐도 노나는 뭔가 석연치 않은 모습이었다. '괜찮아요.'라고 하는 노나의 말을 받아들이면서 나는 한편으로는 어떻게 해야 노나가 신경 쓰는 부분을 솔직하게 말해 줄지 고민했다.

그래. 다시 한 번 '노나 선생님'에게 부탁해 보자!

나는 문을 두드리는 시늉을 하며 말했다.

나 (똑똑) '노나 학생'은 '괜찮아요.'라고 했지만…. '노나 선생님'은 어떻게 생각하세요?

그러자 잠시 가만히 있던 노나가 말했다.

노나 노나는…, 암기가 신경 쓰이는 모양이에요….

유리 암기할 만한 요소가 아무것도 없는데.

나 노나는 무엇을 암기하는 게 신경 쓰이는 걸까요?

노나 암기에 대해 말해도 돼요? 그래도 괜찮아요?

나 물론이지. 하고 싶은 말이 있으면 얼마든지 해도 돼. 뭔데?

노나 p를 사용하는 건…, 암기해야 하나요?

나 아, 그게 신경 쓰였구나. 일반적으로 생각할 때, p 같은 글자를 많이 쓰거든. 글자를 사용한다는 사실은 기억해 두면 좋지만, 그걸 암기라고 할 수는 없을 것 같은데.

유리 노나가 묻고 싶어 하는 건 그런 게 아니라고!

나 어?

유리 노나는 꼭 p라는 글자를 써야 하냐고 묻고 있는 거야!

노나 유리야, 너 대단한데….

유리 그렇지? 노나에 대해서라면 내가 제일 잘 알고 있거든.

노나 유리야, 사랑해.

유리 헤헤.

그게 궁금했었구나. 나는 사이좋은 두 소녀를 보며 생각했다. 테트라가 품었던 것과 똑같은 의문. 노나는 꼭 그 글자를 써야만 하는지가 궁금했던 것이었다.

나 알파벳 p가 아니더라도 상관없어. 예를 들어,

p가 어떤 실수든 간에

점(p, 2p)는 직선 $y = 2x$의 선 위에 있다.

와

s가 어떤 실수든 간에

점(s, 2s)는 직선 $y = 2x$의 선 위에 있다.

는 똑같은 의미가 돼. 번거롭지 않다면 어떤 글자를 쓰든 상관없어. p든지 q든지 s든지 t든지 자기가 좋아하는 글자를 사용해도 돼.

노나 좋아하는 글자….

나 어떤 글자로 무엇을 나타내느냐 하는 것은 그냥 정해진 규칙에 불과해. 뭘 나타낼지 확실히 정하기만 한다면 어떤 글자를 쓰든 상관없어.

노나 정해져 있는데, 아무거나 써도 괜찮나요?

나 응. '지금 여기서는 이 글자를 이러이러한 의미로 사용할 것이다.'라고 스스로 결정하면 되니까. 물론 'x좌표를 y로 쓰겠다.'라고 정해 버리면 일이 복잡해지겠지만.

유리 그런 사람이 있겠어?

노나 그렇군요. 알겠어요.

나 자, 마음에 걸리는 점이 더 있을까?

노나 아뇨, 괜찮아요.

괜찮다고 노나는 대답했다.

말은 조금 전에 한 말과 같았지만, 노나의 모습은 전혀 달랐다.

노나는 방금 전까지 '꼭 p라는 글자를 써야만 하는 걸까?'라는 의문을 품고 있었다. 하지만 이제는 '꼭 p라는 글자를 사용할 필요는 없다.'라는 점을 이해하고 있다. 거기에서 오는 차이는 생각보다 컸다.

노나는 눈치챘을까. 자신이 품고 있던 의문점을 밖으로 꺼내자 그것이 해결되었다는 사실을. 그리고 의문을 해결하는 데에 대화가 중요한 역할을 했다는 사실을.

●● **퀴즈 5-2a의 답(직선의 선 위에 있는가, 수정판)**

p가 어떤 실수든 간에

점(p, 2p)는 직선 $y = 2x$의 선 위에 있다.

나 (똑똑) '노나 학생'은 '괜찮아요.'라고 대답했는데…, '노나 선생님'이 보시기에는 어때요?

노나 노나는 정말 괜찮은 것 같아요….

나 이제 점(2, 4)나 점(12, 24)처럼 구체적인 숫자를 이용해 점을 나타낼 수 있지? 이런 예는 구체적이라서 이해하기가 쉬워. 그리고 이해하기 쉬우면 기분이 좋아지지.

노나 네….

나 하지만 평면에는 무수히 많은 점이 있어.

노나 무한한 캔버스요!

나 응. 평면에는 무수히 많은 점이 존재하고, 직선에도 무수히 많은 점이 있어. 그런데 이런 점들을 구체적인 숫자를 사용해 일일이 다 조사해 본다고 생각해봐. 불가능하겠지? 그래서 문자를 사용하는 거야.

노나 문자를 사용한다….

나 맞아. 예를 들어 우리는 (p, 2p)처럼 p라는 문자를 이용해서 점을 표현할 수 있어.

유리 '문자를 이용한 식의 일반화'구나!

노나 문자를 이용한… 식의 일반화….

나 유리의 말대로야. 2처럼 구체적인 숫자를 넣어 생각하는 대신에 p 같은 문자를 이용해서 일반적인 경우를 생각하는 거지. 아니, 문자를 이용해 생각해보려고 하는 거야.

노나 문자가… 숫자보다 중요….

나 아니, 그건 아니야. 문자와 숫자 모두 중요해. 구체적인 숫자를 넣어 생각하는 것도 중요하다고. 구체적인 숫자로 예시를 만들어서 자신이 얼마나 이해했는지 확인하는 작업은 특히나 중요하지. '예시는 이해의 시금석'이니까.

노나 예시는… 이해의 시금석….

나 구체적인 숫자를 이용해 내용을 쉽게 이해하고, 구체적인 숫자를 문자로 바꾸어서 일반적인 경우를 생각해보는 거야. 이 두 가지 모두 중요해.

노나 숫자를… 문자로 바꾸어 본다….

노나가 내 말을 열심히 듣고 있다.
나는 그런 노나의 마음에 잘 전달되도록 설명을 이어 나갔다.

나 그리고 노나야, 배운 내용을 실제로 해 보는 것도 무척 중요해.

노나 해 본다고요?

나 응. 그러니까,

- '문자를 이용한 식의 일반화'를 배웠다. 그러니 구체적인 숫자를 보면 문자로 바꿔 보자!
- '예시는 이해의 시금석'이라는 점을 배웠다. 그러니 추상적인 이야기를 들었다면 구체적인 예시를 만들어 보자!

라는 식으로 생각하고 행동하는 거야. 처음에는 잘 안 될 수도 있지만, 일단 한번 해 보는 거지.

유리 오오, 알겠어.

나 '배운 것을 직접 해 보는 것'이지. 실제로 해 보면 너희를 둘러싼 세계가 한층 넓어질 거야!

노나 배운 것을… 해 본다….

나 다시 수학 이야기로 돌아가 볼까? p 같은 문자를 사용하면 단 한 개의 점뿐만 아니라 무수히 많은 점을 뭉뚱그려 나타낼 수 있어. 예를 들면 직선 위에 있는 '모든 점'을 뭉뚱그려 나타낼 수 있지. 그래서 문자를 사용하는 것은 '무한을 내 편으로 삼는 것'이기도 해.

노나 무한을… 내 편으로 삼는다!

노나는 두 눈을 반짝이며 내 말에 귀를 기울였다.

하지만 노나와는 다르게 유리는 갑자기 표정이 복잡해졌다.

유리 오빠, 궁금한 게 하나 있는데….

나 유리야, 왜 그래?

5-4 암기왕

유리 있잖아. '뭐든지 암기해서 대답할 수 있는 사람'은 없어?

나 뭐든지? 식을 통째로 외우기만 해서는 점$(p, 2p)$가 직선 $y = 2x$의 선 위에 있는지 아닌지 대답하지도 못하는데.

유리 아니, 그런 게 아니라….

유리는 팔짱을 끼더니 흐음 하고 콧소리를 냈다.

노나는 그런 유리를 바라봤다.

노나 유리야….

유리 아니, 점과 직선에 대해 시험에 나올 법한 유형을 전부 외우는 '암기왕' 같은 사람이 있을지도 모르잖아!

나 그런 사람은 없을 것 같은데…. 유형을 전부 외우는 건 불가능하니까.

유리 아니, 시험 문제로 나올 법한 유형을 엄선한 다음에 자신의 빼어난 기억력을 활용할 수도 있잖아.

나 물론 자신이 외운 유형에 딱 들어맞는 문제가 나온다면 바로 답할 수야 있겠지.

유리 그렇지?

나 하지만 유형에 들어맞지 않는 문제가 나오면 전혀 풀지 못할걸.

유리 뭐, 그렇게 되려나.

나 유리, 네가 말하는 '암기왕'이 유형을 외우기만 할 뿐, 아무것도 이해하지 못한다면 만약 유형에 들어맞지 않는 문제가 나올 경우, 전혀 풀지 못할 거야. 풀려는 시도조차 하지 못할걸. 아마 한 발짝도 떼지 못할 거야. 그저 자신이 외운 유형에 딱 맞는 문제밖에 답하지 못하겠지. 그리고 똑같은 의미를 묻는 문제여도 표현이 살짝 달라지거나 하면 풀지 못할걸. 그런 식으로 공부해 봤자 소용이 없어.

유리 하지만 영어 단어는 외워야 하잖아.

나 역사 속에 등장하는 연호도 마찬가지지. 그거야말로 무조건 외울 수밖에 없으니까. 하지만 수학을 공부하는 것은 영어 단어나 연호를 외우는 것과는 전혀 달라.

노나 암기가 아니야….

나 예를 들어 이런 퀴즈를 한번 풀어 볼까?

• • 퀴즈 5-3(직선 위에 있는 이유)

점$(3, 6)$은 직선 $y = 2x$의 선 위에 있다.

어떻게 그렇게 말할 수 있는가?

유리 '어떻게'라니?

나 내용을 제대로 이해하고 있는지 아닌지를 확인하고 싶을 때
  는 '어떻게'라는 질문을 던져 보는 것이 좋아. 즉, 이유를 묻
  는 거지. 점$(3, 6)$이 직선 $y = 2x$의 선상에 있다고 '어떻게'
  말할 수 있는가?

유리 그거야….

나 잠깐만, 유리야. 이번 퀴즈는 노나에게 생각해보라고 하고
  싶은데.

유리 알았어.

노나 제가 대답할게요….

노나는 이렇게 답하더니 오랫동안 가만히 있었다.

아니, 실제로는 그리 오랜 시간이 아니었을 거다.

나는 침묵을 지켰다.

유리도 침묵을 지켰다.

우리는 생각하기 위해서는 침묵이 필요하다는 사실을 알고 있기 때문이다.

노나 알려… 알려 주세요.

나 무엇을?

노나 다시 한 번 퀴즈를 알려 주세요.

나 얼마든지!

●●● **퀴즈 5-3(직선 위에 있는 이유, 다시 알려 줌)**

점$(3, 6)$은 직선 $y = 2x$의 선 위에 있다.

어떻게 그렇게 말할 수 있는가?

노나 모르겠어요…. 잘 모르겠어요.

그래서 나는 다시 노나의 마음속 문을 두드려 보았다.

나 (똑똑) '노나 학생'은 '잘 모르겠다.'라고 하던데…. '노나 선생님'은 어떻게 생각하세요?

노나 노나는 어떻게 말해야 좋을지 모르는 것 같아요. 틀린 답을 말하면 안 되니까요….

나 그렇군요. 알겠어요. 어떤 식으로든 좋으니 노나 학생의 마음속에 떠오른 생각을 말로 표현해 보라고, 틀려도 괜찮다고 '노나 학생'에게 전해 주세요.

유리 노나야, 용기를 내 봐!

노나 점 $(3, 6)$은…, 직선 $y = 2x$의 선 위에 있어요.

나 그래, 맞아.

노나 6은 3의 두 배예요.

나 맞아. 6은 3의 두 배지.

유리 잘하고 있어.

노나 그러니까 당연히… 당연히… 뭐라고 해야 할지… 잘 모르겠어요.

나 응. 당연해 보이기 때문에 어렵구나. 답하는 방법에는 여러 가지가 있지만, 하나만 예로 들자면 이렇게 답해 볼 수 있어.

점$(3, 6)$의 x좌표의 값은 3, y좌표의 값은 6으로, 등식 $y = 2x$를 만족시키고 있다. 그러므로 점$(3, 6)$은 직선 $y = 2x$의 선 위에 있다고 말할 수 있다.

노나 ….

나 이 예①을 읽고 노나는 의미를 이해했어?

노나 네….

나 이 예를 읽고 노나는 '이 말대로야.' 하고 납득할 수 있었어?

노나 괜찮았어요.

나 이걸 의미는 같지만, 다른 식으로도 말할 수 있어.

$(x, y) = (3, 6)$일 때, $y = 2x$가 성립한다. 따라서 점$(3, 6)$은 직선 $y = 2x$의 선 위에 있다.

$x = 3$이고, $y = 6$이므로 $y = 2x$다. 따라서 점$(3, 6)$은 직선 $y = 2x$의 선 위에 있다.

노나 이건 못 외워요. 다 외울 수가 없어요.

나 애초에 이건 외워야 하는 게 아니야.

노나 외우는 게 아니라고요?

나 그래. 외우지 않아도 돼. 하지만 이해는 했으면 좋겠어.

노나 외우지 않아도 되지만, 이해는 한다….

나 내가 지금 ①, ②, ③, 이렇게 세 가지 예를 정답으로 제시했 잖아. 이 글을 그대로 암기할 필요는 없어. 글을 쓰는 방식은 저마다 달랐지만, 모두 같은 의미이니까.

노나 네….

유리 $x = 3$이고, $y = 6$이면 $y = 2x$야!

나 맞아. 어떤 식으로 말하든 점$(3, 6)$이 등식 $y = 2x$를 만족시 키고 있다는 의미를 전달할 수만 있으면 퀴즈 5-3에서 묻는 '어떻게'에 대한 답이 되는 거야.

유리 잠깐만! '어떻게'라는 건 어디까지 갈 수 있어?

노나 그건 왜….

나 무슨 뜻이야?

유리 '어떻게'라는 질문은 반복할 수 있잖아. '$y = 2x$를 만족시키는 점이 직선 $y = 2x$의 선 위에 있다.'고 '어떻게 말할 수 있습니까?'라고 따지면 어떻게 할 거야?

나 아하! 어떻게, 어떻게, 어떻게… 하고 계속 그 이유를 찾아 거슬러 올라갈 수 있다고 말하고 싶은 거구나.

유리 응, 바로 그거야. 계속 이유를 말해도 끝이 나질 않잖아!

나 아니, 그렇지는 않아. 왜냐하면 '점의 x좌표의 값과 y좌표의 값이 등식 $y = 2x$를 만족시킨다.'라는 사실 자체가 '점이 직선 $y = 2x$의 선 위에 있다는 것'의 정의니까. 그래서 그 이상은 '어째서'라고 물을 수 없어. 아니, 묻는 건 상관없지만, 그 답은 항상 '그게 정의니까.'가 될 거야. 정의를 거슬러 올라갈 수도 없고, 그럴 필요도 없으니까.

유리 우와! 정의란 게 그렇게 대단한 거였구나.

나 그래. 수학 이야기를 할 때, 정의는 그 출발점이 돼. 그러니까 우리가 뭔가에 대해 생각할 때는 '정의로 돌아가라.'라는 조지 폴리아의 말을 떠올리자고.

유리 정의로 돌아가라.

노나 정의로…, 돌아가라.

나 이번에는 다른 직선 $y = 2x + 1$의 퀴즈에 도전해 볼까?

●● **퀴즈 5-4(x축과의 교점)**

직선 $y = 2x + 1$과 x축의 교점의 좌표를 구하시오.

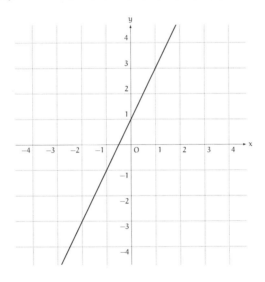

노나 ….

나 있잖아, 노나야. 이 퀴즈는….

유리 쉿, 오빠, 잠깐만.

나 아, 미안.

노나 ….

우리는 다시 침묵에 휩싸였다. 하지만 이번에는 그리 오래 걸리지 않았다.

노나 모르겠어요…. 잘 모르겠어요.

나 지금 들린 건 '노나 학생'의 말이었지. 이제 '노나 선생님'의 말도 듣고 싶은데.

노나 노나는 말이지요. 답이 −0.5라고 생각하는 것 같아요…. 하지만….

유리 노나, 잘 알고 있잖아!

나 쉿, 유리, 기다려 봐.

유리 아차, 미안.

노나 하지만 노나는 그 이유를 설명하지 못하는 것 같아요.

나 알겠어. 지금 노나는 −0.5라고 교점의 x좌표만 대답해 주었어. 하지만 x좌표와 y좌표 모두 말해 줄래?

노나 아, (−0.5, 0)이에요…. 여기요.

직선 $y = 2x + 1$과 *x*축의 교점의 좌표는 $(-0.5, 0)$이다.

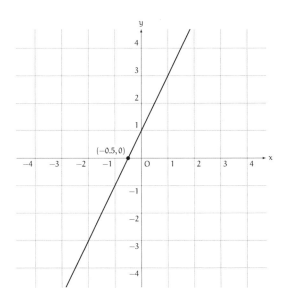

나 맞아. 교점 $(-0.5, 0)$이 정답이야. 물론 $(-\frac{1}{2}, 0)$이라고 써
도 맞고.

유리 노나야, 정답이야!

노나 이유는….

나 노나, 넌 답을 맞히는 데 그치지 않고 그 답이 어째서 옳은

건지 이유도 설명하고 싶었던 거지? 자신에게 '어떻게' 해서 그런 건지 이유를 묻고 그 질문에 답하려고 했어. 즉, 이런 퀴즈를 너 혼자 만들 수 있게 된 거야.

●●● **퀴즈 5-5(이유를 생각하다)**

점 $(-0.5, 0)$은 직선 $y = 2x + 1$과 x축의 교점이다.
어떻게 그렇게 말할 수 있는가?

노나 어떻게….

나 이유는 어렵지 않지만, 우리 함께 생각해보자.

노나 네, 같이 생각해요!

나는 노나에게 함께 생각해보자고 말했다.
내 말을 들은 노나는 힘차게 고개를 끄덕였다.
동그란 안경 너머로 진지한 눈빛이 보였다.
노나는 문제에 대해 생각해보려고 애쓰고 있다.
그러니 나도 말이 빨라지지 않게 노력하자.

나는 심호흡을 한 번 크게 했다.

내 말이 자꾸 빨라지는 것은 설명이 최고조에 달했기 때문이 아니다.

내 말이 빨라지는 건….

내가 준비한 설명을 상대방에게 급히 쏟아 낼 때,

설명에 열중하느라 상대방이 잘 이해하고 있는지 아닌지 신경 쓰지 않게 될 때,

생각지도 못한 질문에 답변하느라 초조해져서 허세를 부릴 때,

나는 다 아는 내용을 반복해서 설명할 때,

그럴 때마다 나는 말이 빨라지고 만다.

즉, 상대방을 전혀 '신경 쓰지 않을 때' 그렇다.

나는 심호흡을 한 번 더 했다. 그리고 이야기를 시작했다.

나 노나는 직선 $y = 2x + 1$과 x축과의 교점을 $(-0.5, 0)$로 나타 낼 수 있다고 생각했지?

노나 네….

나 그런데 그 이유는 잘 설명하지 못하겠고.

노나 네….

나 좋아. 그러면 어떻게 $(-0.5, 0)$으로 나타낼 수 있다고 생각

한 거야?

노나 −1과 0의 딱 중간이니까요.

나 아하. 교점이 보여서 $x = -0.5$라고 판단한 거구나. 네가 발견한 점 $(-0.5, 0)$이 정답인지 아닌지 직접 알아볼 수 있어.

노나 직접 알아본다고요?

나 자신에게 질문을 던져 보는 거야. '노나 선생님'이 '노나 학생'에게 물어봐 봐. 점 $(-0.5, 0)$은 직선 $y = 2x + 1$의 선상에 있냐고.

노나 네, 있어요.

나 어떻게?

노나 앗, 틀렸… 틀렸나요?

나 아니, 넌 틀리지 않았어. 내가 '어떻게'라고 물은 건 네가 그렇게 생각한 이유를 알고 싶어서야. '어떻게' 넌 그렇게 생각했어?

유리 노나야, 오빠가 한 '어떻게'라는 말에 괜히 흔들리지 마. 오빠는 답을 맞혀도, 틀려도 늘 '어떻게'라고 물으니까….

유리의 말에 나는 갑자기 울컥했다.

나 아니, 흔들긴 누가 흔든다고 그래. '어떻게'는 이유를 묻는 말일 뿐이야. 그리고 이유를 묻는 건 그게 '생각하는 것'과 직결되어 있기 때문이라고. 그래서 '어떻게'라고 물어보는 게 중요한 거야.

유리 오빠, 말이 또 빨라진다.

나 '어떻게'라는 말은 틀린 걸 지적하는 말이 아니야. '어떻게'라는 표현은 이유를 묻는 말이라고. 적어도 수학에서는 그래야만 해. 이유를 정확히 물어야 하고, 몇 번씩이나 이유를 확인해야 해. 그럴 때 중요한 말이 '어떻게'라고. 그러니까 '어떻게'를 잘못을 지적하는 말로 취급하지 마!

유리 오빠, 좀!

노나 …!

유리 이것 봐! 노나도 놀랐잖아!

나 …미안해.

아차차.

또 사고를 치고 말았다.

내가 또 노나의 눈에 눈물을 고이게 했다.

유리 노나 앞에서 큰 소리 내지 말라고!

나 미안해. 노나야.

노나 아니에요…. 그냥 '어떻게'라는 말을 들으니까 문득 생각
  이 나서….

유리 생각이 나다니, 뭐가?

노나 어떻게 이걸 틀리는 거야? 어떻게 이걸 못하는 거야! 그렇게
  늘 혼나던 순간이요.

나는 말문이 막혔다.

유리도 할 말을 잃었다.

이건 잘못을 지적하는 수준이 아니었다.

노나는 '어떻게'라는 말을 들으면서 혼이 났다.

노나는 '어떻게'라는 말을 들으면서 닦달을 당했다.

'어떻게'는 누군가를 혼낼 때 쓰는 말이 아닌데!

'어떻게'는 누군가를 닦달할 때 쓰는 말이 아닌데!

나 ….

노나 괜찮아요. 괜찮으니까…, 계속해요.

유리 오빠….

나 응, 그래. 우리 퀴즈 5-5에 대해 생각하고 있었지? 이건 네
  가 만든 퀴즈야.

점$(-0.5, 0)$은 직선 $y = 2x + 1$과 x축의 교점이다.

어떻게 그렇게 말할 수 있는가?

노나 네….

나 노나가 말한 점$(-0.5, 0)$이 직선 $y = 2x + 1$과 x축과의 교점

이 정말 맞는지 확인해 보고 싶어. 그러려면

① 점$(-0.5, 0)$은 직선 $y = 2x + 1$의 선 위에 있다.

② 점$(-0.5, 0)$은 x축의 선 위에 있다.

라는 두 가지를 확인하는 게 좋아.

노나 둘 다 선 위에 있어요….

나 맞아! 네 말대로야. 우선 ①을 볼까? 점$(-0.5, 0)$은 직선 y

$= 2x + 1$의 선 위에 있어. 어떻게 그럴까?

노나 $2x + 1$이 0이니까요…. 맞아요?

나 그래, 맞아! 네가 말한 점$(-0.5, 0)$은 $x = -0.5$이고 $y = 0$이

지? 그러니까 $y = 2x + 1$을 만족시켜. 따라서 직선 $y = 2x +$

1의 선 위에 있다고 말할 수 있는 거야.

노나 네⋯. ②도⋯.

나 그래. 이제 ②를 확인해 보자. 네가 말한 점$(-0.5, 0)$은 x축의 선 위에도 있다고 할 수 있어. 어떻게 그럴까?

노나 음⋯, y가 0이니까요?

나 대단해! 그 말대로야! $y = 0$이니까 점$(-0.5, 0)$의 y좌표의 값은 0과 같겠지? 그래서 이 점은 x축의 선 위에 있다고 말할 수 있어.

노나 선 위에 둘 다 있어요!

나 그래. 네가 말한 점$(-0.5, 0)$은 정확히 직선 $y = 2x + 1$의 선 위에도 있고, x축의 선 위에도 있지. 그러니까 점$(-0.5, 0)$은 교점이라고 말할 수 있어.

노나 어렵네요⋯.

나 그래, 어렵지. '어떻게'라는 질문에 대답하는 건 어려운 일이야. 이유를 말로 풀어야 하니까 확실히 쉽지 않지.

노나 네, 어려워요⋯.

$(x, y) = (-0.5, 0)$은 $y = 2x + 1$과 $y = 0$을 모두 만족시킨
다. 그러므로 점$(-0.5, 0)$은 직선 $y = 2x + 1$의 선 위에 있는
동시에 x축의 선 위에도 있다. 따라서 점$(-0.5, 0)$은 직선 y
$= 2x + 1$과 x축의 교점이라 말할 수 있다.

유리 당연해 보이는 걸 설명하는 건 보통 일이 아니구나!

나 복잡하고 번거롭지만, 이것을 외울 필요는 없어. '아하, 그
러고 보니 그러네.'라고 이해할 수만 있으면 돼.

노나 이유를… 이해한다.

나 이유를 물어보거나 이유를 생각해보는 일은 중요해. 틀리
지 않게 정답을 찾는 것도 물론 중요하지만, '어떻게'라고 묻
고 생각해보는 일이 훨씬 더 중요하지. 이유는 중요하다고.

노나 어떻게… 중요한가요?

나 노나, 너 지금 이유가 중요한 이유를 물어본 거야?

유리 이유가 중요한 이유!

나 이유는 스스로 판단하는 데 필요한 거야. 우리는 이유를 확
  인한 후에 그것이 올바른지 아닌지를 판단하니까.

유리 예를 들자면?

나 수학 선생님이 수업 시간 중에 '점$(1, 3)$은 직선 $y = 2x + 1$
  의 선 위에 있다.'라고 말씀하셨다 치자.

노나 네….

유리 맞는 말이네.

나 맞는 말이지. 선생님이 하신 말씀은 맞아. 하지만 그 말은
  선생님의 말씀이라서가 아니라, 이유가 있어서 맞는 거야. $(x,$
  $y) = (1, 3)$은 $y = 2x + 1$을 만족시킨다는 이유가 있기 때문
  에 맞는 거지.

노나 이유가 있기… 때문에….

나 만약 교실에 교장 선생님이 찾아와서 '아니지, 그건 틀렸어.
  점$(1, 3)$은 직선 $y = 2x + 1$의 선 위에 없다고.'라고 말씀하신
  다고 생각해봐. 그러면 교장 선생님은 훌륭하신 분이니까 교
  장 선생님이 하시는 말씀은 다 맞는 게 되는 걸까?

노나 아니에요. 틀려요.

나 그래, 틀리지?

유리 교장 선생님 말씀이라고 맞는다는 건 말이 안 되지!

나 바로 그거야. 그러니까 이유를 생각하는 게 중요하다고. 무엇이 정답인지 스스로 판단하기 위해서는 말이야.

노나 이유를 생각한다….

나 누가 뭐라 하든 맞는 것은 맞는 거야. 수학은 그 점이 재미있어. 말하는 사람이 훌륭하든 말든, 자신보다 나이가 많든 적든, 답을 빨리 말하든 말든, 목소리가 크든 말든 그런 건 맞고 틀리고와는 아무런 상관이 없거든.

유리 작게 속삭여도 진리는 진리란 말이지?

나 바로 그거야. 노나, 네가 옳은 것을 주장했을 때, 다른 누군가가 너를 큰 소리로 혼냈다고 해 보자.

노나 으윽…, 싫어요.

나 누가 화를 내든 간에 네 주장에 올바른 이유가 있다면 네가 하는 말은 옳아. 나이나 성별, 국적 같은 것도 상관이 없어. 누가 뭐라 하든 옳은 것은 옳은 거야. 난 그게 수학의 묘미 가운데 하나라고 생각해. 그러니까 어렵다는 생각이 들어도 이유를 열심히 고민해 보자.

노나 네!

나 옳은지 아닌지를 판단하기 위해 이유를 생각하는 것. ‘어떻게’라고 묻는 것. 그것이 너의 강한 ‘무기’가 되어 줄지도 몰

라. 네가 생각을 할 때 도움이 되어 줄 무기, 뭔가를 배울 때 도움이 되어 줄 무기 말이야.

노나 내 '무기'라니!

5-7 점을 움직이다

나 자, 이제 그만 '이유를 생각하는 이유'에서 원래 하고 있었던 이야기로 다시 돌아가 볼까?

유리 우리 무슨 이야기를 하고 있었더라?

나 직선과 점에 대한 이야기였잖아.

유리 맞다. 깜박했어!

노나 깜박했어….

나 그런 말은 굳이 소리 내어 말하지 않아도 된다고!

우리 셋은 깔깔대며 웃었다.

유리 어디 보자, 교점에 대해 이야기하고 있었지?

나 우리는 지금 도형을 '점의 집합'으로 생각하고 있어.

노나 점의 집합….

나 그래서 직선을 생각할 때, 그 직선의 선 위에 위치한 점이 어떤 점인지를 생각해. 두 직선의 교점을 생각한다는 것은 두 직선의 선 위에 모두 위치한 점을 생각하는 게 되고.

유리 직선이 완전히 겹치지 않는다면 말이지.

나 아, 맞아. 두 직선이 완전히 겹쳐 있다면 두 직선의 선 위에 동시에 위치하는 점이라고 해도 교점이라고 말할 수 없으니까.

유리 후훗.

노나 점의 집합…. 잠깐만요!

나 응. 괜찮으니까 말해 봐. 왜 그래?

노나 그렇게 정해져 있나요?

나 정해져 있냐니?

노나 점의 집합이 아니면 안 되는 건가요? 안 되나요?

나 아니, 도형을 어떤 식으로 생각할 건지는 자유야. 다만 우리가 지금까지 해 온 것은 도형을 '점의 집합'으로 봤을 때의 입장이라는 것이지. 그것뿐이야.

유리 그렇구나. 그럼 '점의 집합' 외에 또 도형을 어떻게 생각할 수 있어?

노나 하지만 흘러가거나 떠다니거나 하는걸!

노나는 입술을 삐죽이며 유리에게 그렇게 반론했다.

흘러가거나 떠다닌다니…. 나는 잔잔한 감동에 휩싸였다.

나는 도형을 어떻게 생각하는지는 자유라고 말했다. 그때 내 머릿속에 떠올랐던 것은 좌표를 사용하지 않고 자나 컴퍼스로 도형을 다루는 이미지였다.

하지만 노나는 달랐다. '흘러가거나 떠다닌다는 게' 뭘 의미하는지는 모르겠지만, 그것은 내가 떠올린 것과는 전혀 다른 뭔가일 수도 있었다.

나 노나, 넌 네가 떠올린 이미지를 소중히 여겨도 돼. 도형을 어떻게 상상하든 그건 네 마음이니까.

노나 틀리지 않아요?

나 그래, 틀리지 않아. 하지만 네가 상상한 건 그대로 두고, 지금 여기서 우리는 도형을 '점의 집합'으로 보고 좌표를 이용해 나타내 보려 하는 중이라는 걸 기억해. 도형을 그렇게 봤을 때 어떤 일이 일어날지 생각해보는 중이니까.

노나 해석… 해석기하학….

나 맞아! 그거야, 그거! 해석기하학이야. 그 말을 기억하다니 대단한데!

노나 외웠어요….

유리 얼마 전에도 크게 소리 내어 말했잖아.

나 직선 $y = 2x$와 직선 $y = 2x + 1$ 모두 무수히 많은 점의 집합이야. p를 실수라고 했을 때, 직선 $y = 2x$는 (p, 2p)라는 점의 집합이고, 직선 $y = 2x + 1$은 (p, 2p + 1)이라는 점의 집합이지.

노나 ….

유리 흐음.

나 점(p, 2p)을 1만큼 위로 움직이면 (p, 2p + 1)로 이동하니까….

노나 예쁘다!

나 어?

노나 점이 동시에 올라가는 거예요!

유리 노나야, 왜 그래?

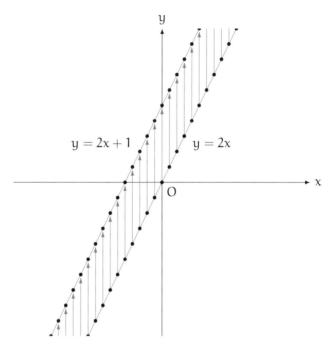

직선 $y = 2x$의 선 위에 있는 모든 점을 1만큼 위로 움직인다.

나 노나는 직선의 선 위에 있는 모든 점을 위로 움직였나 보구
   나! 혹시 무수히 많은 점이 움직이는 모습을 '본' 거야?

그러자 노나가 고개를 몇 번이나 끄덕였다.

노나 무수히 많은 점을 봤어요!

나 노나는 참 대단한데.

노나 저기, 저기! 무수히 많은 직선!!

유리 이번에는 뭘까?

노나 $y = 2x + b$는 무수히 많은 직선!!

나 이번에는 직선 $y = 2x + b$에서 b의 값을 바꾸고 있는 걸까?

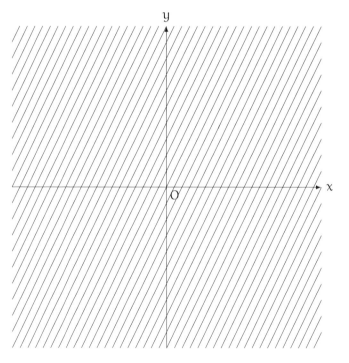

직선 $y = 2x + b$에서 b의 값을 바꾸면 무수히 많은 직선이 생긴다.

유리 직선 $y = 2x + b$만 위로 움직이고 있나 봐.

노나 문자를 이용한 식의 일반화인가요….

나 오오!

노나 배운 걸…, 말해 봤어요.

유리 노나, 대단해! 엄청난 발견을 했는데!

노나가 신이 나자 유리도 덩달아 흥분했다.

나 유리, 넌 뭘 발견했어?

유리 직선 $y = 2x + 1$의 선 위에 있는 점은 (p, 2p + 1)이지? p 를 움직이면 점이 이 직선의 선 위에서 움직여!

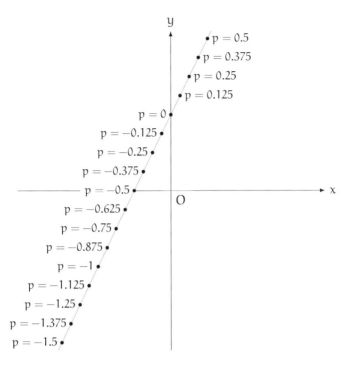

점(p, 2p + 1)에서 p의 값을 바꾸면
직선 $y = 2x + 1$의 선 위에 있는 점이 움직인다.

나 점은 좌표의 값에 따라 위치가 결정되니까,

$$(x, y) = (p, 2p + 1)$$

라는 점을 생각하고, p의 값을 바꿔 주면 직선 $y = 2x + 1$을 그릴 수 있어. x좌표의 값과 y좌표의 값을 실수 p로 컨트롤하고 있지? 이런 식으로 쓰면 x와 y 양쪽이 p에 따라 결정되는 모습이 더 잘 보일 거야.

$$\begin{cases} x = p \\ y = 2p + 1 \end{cases}$$

유리 흐음.

노나 ….

나 이번에는 삼각함수인 사인과 코사인을 이용해 이런 식을 생각해보자!

$$\begin{cases} x = \cos(2t + 2\pi/9) \\ y = \sin(3t) \end{cases}$$

유리 으음?

노나 ….

나 실수 t를 움직이면 이런 도형을 그릴 수 있어!

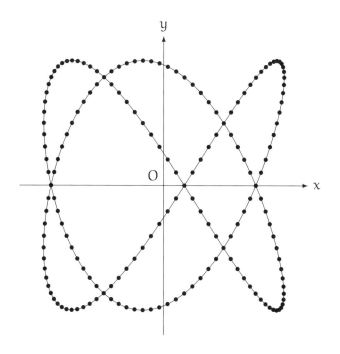

유리 리사주 도형이다!

노나 그런 의미… 였어!

5-8 배워 나가기 위해

우리 세 사람은 그 후로도 좌표와 점으로 노는 데에 열중했다.

엄마가 말을 걸 때까지 시간 가는 줄도 모르고 푹 빠졌었다.

엄마 꽤나 늦었는데, 늦게 돌아가도 괜찮니? 아니면 다 같이 저
녁이라도 먹을까? 그래, 그렇게 하자!

그러자 유리와 노나가 동시에 고개를 끄덕였다.
두 사람 모두 그 말이 반가운 듯했다.

엄마 혹시 잘 못 먹는 음식이라도 있니? 아 참, 노나의 집에 연
락을 드려야겠다.

분주히 저녁 식사를 준비하는 엄마의 모습이 신나 보였다.

노나는 얼마든지 배울 수 있는 아이다.
노나는 노나의 속도에 맞춰 이야기해 주면 잘 들을 수 있고,
설명이 이해가 가지 않으면 내 설명을 도중에 멈출 줄도 안다.
노나는 생각하는 게 아직 익숙지 않아 그만큼 이해의 속도가
느렸지만, 자신의 상태를 열심히 말로 설명하려고 노력한다.
노나는 충분히 배울 수 있는 아이다.

하지만….

하지만 며칠이 지나면 또다시 처음 상태로 돌아가 버리려나

그리고 다시 마구 혼나는 환경에 놓여서….

나는 말할 수 없는 불안과 무력감에 휩싸였다.

나 있잖아, 노나야.

노나 네….

나 내가 너에게 도움이 될 수 있을까?

유리 오빠, 뜬금없이 뭔 소리야?

노나 …?

나 수학은 정말 즐거워. 배우는 것도, 생각하는 것도 무척이나
즐겁지. 나는 네가 그 점을 알았으면 좋겠어. 물론 만날 수만
있으면 언제든지 수학에 대해 이야기를 나누고 싶지만, 우리
가 늘 만날 수 있는 건 아니잖아. 그래서 나는….

노나 괜찮아요…. 괜찮아요.

내 말에 노나는 몇 번이나 고개를 끄덕였다.

노나 저에게는 저 자신이 선생님이 되어 줄 테니까…. 그러니
까 괜찮아요.

노나는 미소를 지으며 그렇게 선언했다.

작은 양손으로 동그란 안경을 고쳐 쓰면서….

"더 잘 배우기 위해 생각하자."

제5장의 문제

●● **문제 5-1(이유를 생각한다)**

2로 나누면 나머지가 1이 되는 수를 기수라고 정의한다. 123은 기수일까? 그렇다면 그 이유는 무엇일까?

(해답은 p.332)

●● **문제 5-2(연립방정식)**

두 직선 $y = 2x + 1$과 $y = x$의 교점을 구하려 할 때,

$$\begin{cases} y = 2x + 1 \\ y = x \end{cases}$$

라는 연립방정식을 풀어 $(x, y) = (-1, -1)$이라는 교점을 얻을 수 있었다. 이 방법으로 교점을 구할 수 있는 이유는 무엇일까?

(해답은 p.333)

좌표평면에서 직선 $y = 2x$를 1만큼 위로 평행 이동시켜 얻을 수 있는 직선을 $y = 2x + 1$로 나타낼 수 있다. 그렇다면 $y = 2x$를 0.5만큼 왼쪽으로 평행 이동시킨 직선은 어떤 식으로 나타낼 수 있을까?

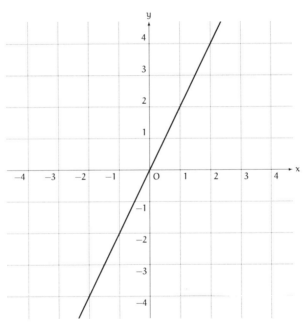

직선 $y = 2x$

(해답은 p.335)

에필로그

어느 날, 어느 시간. 수학 자료실에서.

소녀 우아, 뭐가 정말 많네요!

교사 그러게.

소녀 선생님, 이건 뭐예요?

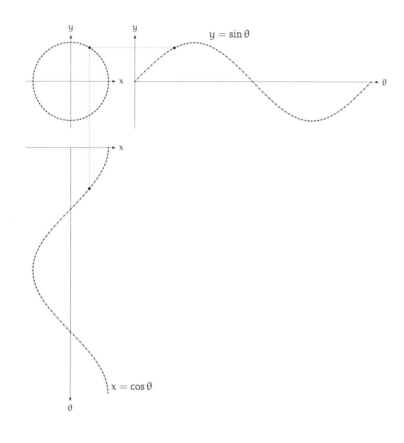

교사 무엇처럼 보이니?

소녀 원이랑⋯, 파도요.

교사 그러네. x와 y의 값을

$$\begin{cases} x = \cos\theta \\ y = \sin\theta \end{cases}$$

로 정해. 그리고 실수 세타θ를 움직이면 점(x, y)가 원을 그리지.

점(θ, x)와 점(θ, y)는 각각 물결무늬를 그리고.

소녀 두 개의 물결무늬가 원을 만든다는 뜻인가요?

교사 그렇다고 할 수도 있고, 하나의 원을 두 개의 물결무늬로 나누었다고도 말할 수 있지. 원과 물결은 전혀 다른 것처럼 보이지만, 알고 보면 관련이 있다는 점이 재미있지.

소녀 원과 파도는 서로 닮았어요.

교사 어떻게?

소녀 원은 동글동글하고, 파도는 구불구불하잖아요. 두 가지 모두 동일한 움직임을 무한히 반복하고 있어요.

교사 듣고 보니 그러네.

선생님, 이건 뭐예요?

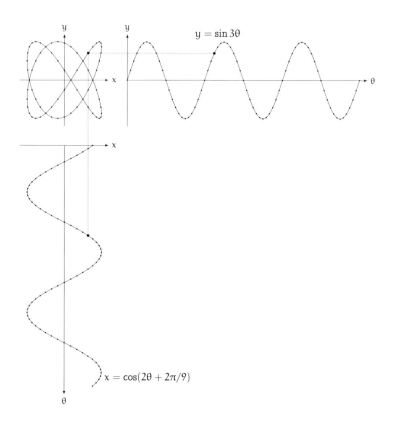

$$y = \sin 3\theta$$

$$x = \cos(2\theta + 2\pi/9)$$

교사 무엇처럼 보여?

소녀 두 개의 물결이… 특이한 형태를 만들고 있어요.

교사 그래. 리사주 도형 가운데 하나를 만들고 있지. x와 y를,

$$\begin{cases} x = \cos(2\theta + 2\pi/9) \\ y = \sin 3\theta \end{cases}$$

으로 정해. 실수 θ를 움직이면 점(x, y)는 리사주 도형 가운데 하나를 그리지. 점(θ, x)와 점(θ, y)는 각각 물결을 그리고.

소녀 두 개의 물결은 형태가 원을 만들 때와 다르네요.

교사 그건 그렇지. $\sin\theta$에 비해 $\sin 3\theta$는 마루*의 개수가 세 배거든.

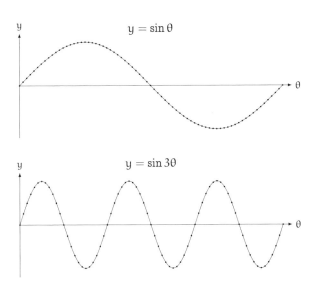

---

* 잔잔한 평형 상태에서 가장 높은 지점.

소녀 네. $\cos\theta$에 비해 $\cos(2\theta + 2\pi/9)$는 마루의 개수가 두 배
네요.

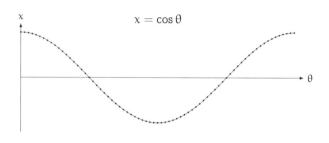

$$x = \cos\theta$$

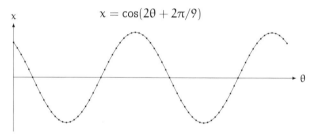

$$x = \cos(2\theta + 2\pi/9)$$

교사 네 말대로야. 그리고 $2\pi/9$만큼 θ축을 따라 왼쪽으로 어
긋나지.

소녀 선생님, $\cos(2\theta + 2\pi/9) = \cos(2(\theta + \pi/9))$니까 왼쪽으
로 어긋나는 양은 $2\pi/9$이 아니라, $\pi/9$이에요.

교사 어머, 그러네.

소녀 선생님, 이건 뭐예요?

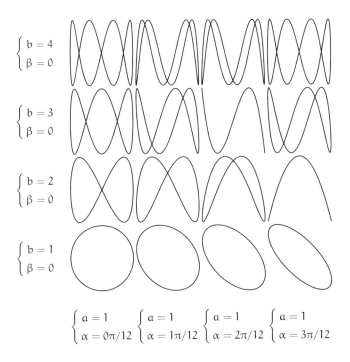

$$\begin{cases} b = 4 \\ \beta = 0 \end{cases}$$

$$\begin{cases} b = 3 \\ \beta = 0 \end{cases}$$

$$\begin{cases} b = 2 \\ \beta = 0 \end{cases}$$

$$\begin{cases} b = 1 \\ \beta = 0 \end{cases}$$

$$\begin{cases} a = 1 \\ \alpha = 0\pi/12 \end{cases} \begin{cases} a = 1 \\ \alpha = 1\pi/12 \end{cases} \begin{cases} a = 1 \\ \alpha = 2\pi/12 \end{cases} \begin{cases} a = 1 \\ \alpha = 3\pi/12 \end{cases}$$

교사 뭐처럼 보이니?

소녀 리사주 도형들이요.

교사 그렇단다. 이런 식을 생각해볼 수 있어.

$$\begin{cases} x = \cos(a\theta + \alpha) \\ y = \sin(b\theta + \beta) \end{cases}$$

그리고 a, b, α(알파), β(베타)라는 4개의 수를 구체적으로 정하면 리사주 도형의 형태가 구체적으로 결정돼. 예를 들어,

$$\begin{cases} a = 1 \\ b = 1 \\ \alpha = 0 \\ \beta = 0 \end{cases}$$

으로 하면 원이 만들어지지.

소녀 그럼 원은 특수한 리사주 도형이에요?

교사 그렇다고 말할 수 있지. 반대로 리사주 도형은 원을 일반화한 것이라고도 말할 수 있어.

소녀 다양한 형태를 그릴 수 있군요.

교사 꽃처럼 생긴 모양을 그릴 수도 있단다. 예를 들면 이런 식을 사용해서.

$$\begin{cases} x = \cos n\theta \cos \theta \\ y = \cos n\theta \sin \theta \end{cases}$$

소녀 어떤 꽃이요?

교사 예를 들어 n = 4일 때는 이런 꽃이 만들어지지.

소녀 오호, 2n은 '꽃잎의 수'를 나타내겠네요.

교사 어떻게?

소녀 아니, n = 4일 때 꽃잎이 여덟 장이 되니까요.

교사 반드시 그런 건 아니야. 이걸 좀 보렴.

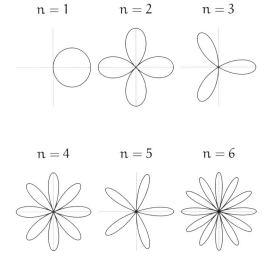

소녀 어? 어째서 이런 거지?

그러더니 소녀는 이유를 생각하기 시작했다.
자신이 발견한 '어떻게'라는 물음에 대한 답을 구하기 위해.

해답

제1장의 해답

●●● **문제 1-1(점의 좌표 읽기)**

점 A의 좌표는 $(x, y) = (1, 2)$입니다. 다른 다섯 개의 점 B, C, D, E, F의 좌표를 각각 읽어 보세요.

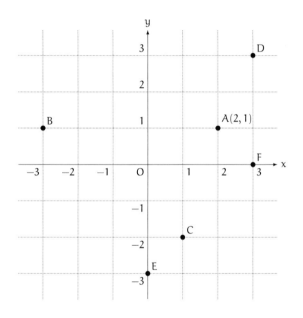

〈해답 1-1〉

다섯 개의 점 B, C, D, E, F의 좌표는 각각 다음과 같습니다.

점 B의 좌표는 $(x, y) = (-3, 1)$입니다.

점 C의 좌표는 $(x, y) = (1, -2)$입니다.

점 D의 좌표는 $(x, y) = (3, 3)$입니다.

점 E의 좌표는 $(x, y) = (0, -3)$입니다.

점 F의 좌표는 $(x, y) = (3, 0)$입니다.

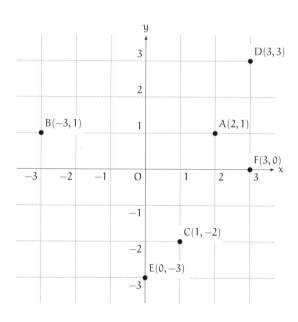

●●● 문제 1-2(좌표평면에 점 그리기)

좌표평면에 다섯 개의 점 P, Q, R, S, T를 표시하세요.

P(3, 1)

Q(1, 3)

R(−1, −1)

S(−2, 1)

T(2, 0)

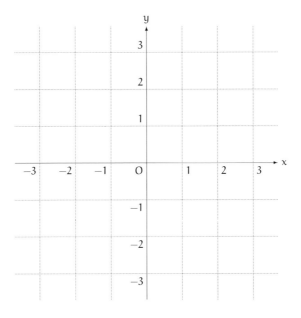

〈해답 1-2〉

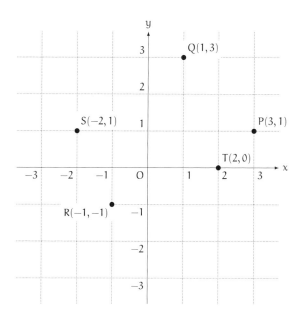

● ● ● 문제 1-3(일부러 틀려 보기)

점(2, 1)을 표시할 때 ①~⑤와 같은 실수를 저지르면 점이 좌표 평면의 어디에 표시되어 버릴까?

① 점(2, 1)을 그릴 때, x좌표와 y좌표의 위치를 반대로 착각 하고 말았다.

② 점(2, 1)을 그릴 때, x좌표를 −2로 잘못 보고 말았다.

③ 점(2, 1)을 그릴 때, y좌표를 −1로 잘못 보고 말았다.

④ 점(2, 1)을 그릴 때, x좌표에 1을 더하고 말았다.

⑤ 점(2, 1)을 그릴 때, y좌표에서 3을 빼고 말았다.

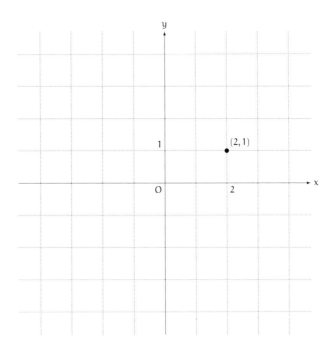

〈해답 1-3〉

① 점(2, 1)을 그릴 때, x좌표와 y좌표를 반대로 착각해 버리면 점이 (1, 2)에 그려집니다. 점(1, 2)은 직선 $y = x$를 대칭축으로, 원래의 점(2, 1)과 대칭하는 위치에 있는 점입니다.

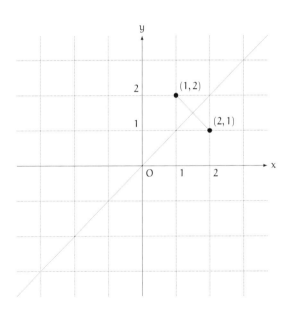

② 점(2, 1)을 그릴 때, x좌표를 -2로 잘못 봐 버리면 점이 $(-2,$ $1)$에 그려집니다. 점$(-2, 1)$은 y축을 대칭축으로, 원래의 점 $(2, 1)$과 대칭하는 위치에 있는 점입니다.

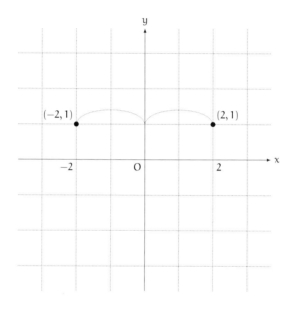

③ 점(2, 1)을 그릴 때, y좌표를 −1로 잘못 봐 버리면 점이 (2, −1)에 그려집니다. 점(2, −1)은 x축을 대칭축으로, 원래의 점 (2, 1)과 대칭하는 위치에 있는 점입니다.

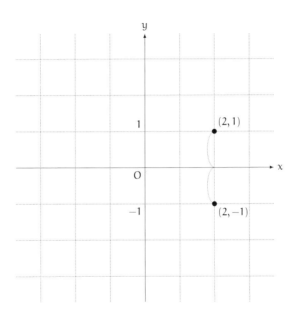

④ 점(2, 1)을 그릴 때, x좌표에 1을 더해 버리면 x좌표는 $2 + 1 = 3$이 되므로 점은 $(x, y) = (3, 1)$에 그려집니다. 점$(3, 1)$은 원래의 점$(2, 1)$보다 1만큼 오른쪽에 위치한 점이 됩니다.

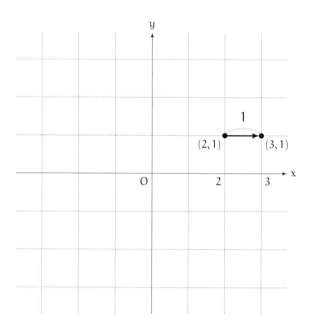

⑤ 점(2, 1)을 그릴 때, y좌표에서 3을 빼 버리면 y좌표는 $1 - 3 =$ -2가 되므로 점은 $(x, y) = (2, -2)$에 그려집니다. 점$(2, -2)$은 원래의 점$(2, 1)$보다 3만큼 아래쪽에 위치한 점이 됩니다.

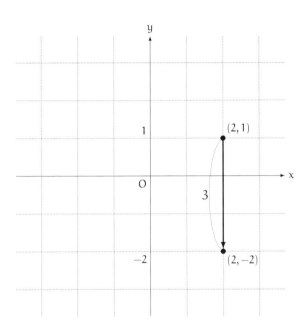

가로 여덟 칸, 세로 여덟 칸인 오셀로 게임 보드에 말을 놓고 게임을 한다. 게임 보드에서 칸의 위치는 알파벳(a, b, c, d, e, f, g, h)과 숫자(1, 2, 3, 4, 5, 6, 7, 8)를 조합해서 나타낸다. 예를 들어 왼쪽 위쪽 가장자리에 해당하는 ①은 a1로 표시한다. 그렇다면 ②~⑥의 위치는 각각 어떻게 표시해야 할까?

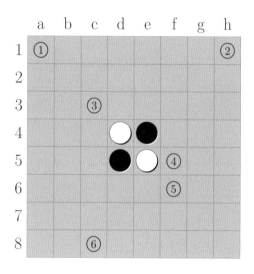

⟨해답 1-4⟩

②~⑥의 위치는 각각 다음과 같이 나타냅니다.

② h1, ③ c3, ④ f5, ⑤ f6, ⑥ c8

제2장의 해답

●●● 문제 2-1(직선보다 위에 있는 점)

좌표평면에서 직선 $y = 2x$보다 위쪽에 있는 점을 ①~⑦에서 모두 찾아보세요.

① $(x, y) = (1, 3)$

② $(x, y) = (1, 2)$

③ $(x, y) = (-1, -3)$

④ $(x, y) = (3, 0)$

⑤ $(x, y) = (-3, 0)$

⑥ $(x, y) = (1.414, 2.829)$

⑦ $(x, y) = (1000, 2001)$

〈해답 2-1〉

점이 직선 $y = 2x$보다 위쪽에 있는지 아닌지는 점의 y좌표가 x좌표를 두 배 한 것보다 크냐 아니냐를 보고 판단할 수 있습니다.

즉, 점의 좌표(x, y)에서 $y > 2x$가 성립할 때, 그 점은 직선 $y = 2x$보다 위쪽에 있습니다.

직접 그림으로 그리면서 생각해도 되지만, ⑥과 ⑦은 그림으로 그리기가 쉽지 않습니다. ⑥은 직선 $y = 2x$에 매우 가깝기 때문에 마치 직선의 선 위에 있는 것처럼 잘못 보일 수 있습니다. 또 ⑦

은 좌표를 크게 그리지 않는 이상, 직접 그리는 것이 불가능합니다. 그렸다 한들 ⑥과 마찬가지로 마치 직선의 선 위에 있는 것처럼 잘못 보일 수 있습니다.

① $(x, y) = (1, 3)$은 $y > 2x$가 성립하므로, 직선 $y = 2x$보다 위쪽에 있습니다.

② $(x, y) = (1, 2)$은 $y = 2x$가 성립하므로, 직선 $y = 2x$보다 위쪽에 있지 않습니다(직선 $y = 2x$의 선 위에 있습니다).

③ $(x, y) = (-1, -3)$은 $y < 2x$가 성립하므로, 직선 $y = 2x$보다 아래쪽에 있습니다.

④ $(x, y) = (3, 0)$은 $y < 2x$가 성립하므로, 직선 $y = 2x$보다 아래쪽에 있습니다.

⑤ $(x, y) = (-3, 0)$은 $y > 2x$가 성립하므로, 직선 $y = 2x$보다 위쪽에 있습니다.

⑥ $(x, y) = (1.414, 2.829)$은 $y > 2x$가 성립하므로, 직선 $y = 2x$보다 위쪽에 있습니다.

⑦ $(x, y) = (1000, 2001)$은 $y > 2x$가 성립하므로, 직선 $y = 2x$보다 위쪽에 있습니다.

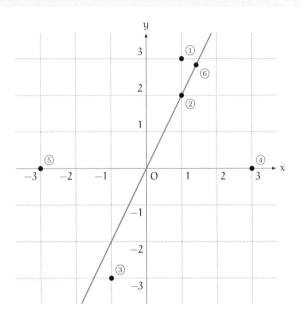

참고로 위의 좌표에는 ⑦이 표시되어 있지 않습니다.

답: 직선 $y = 2x$보다 위쪽에 있는 점은 ①, ⑤, ⑥, ⑦

● ● ● **문제 2-2(점 P는 어디에 있는가?)**

좌표평면상에 위치한 점 $P(x, y)$에서

$$1 < x < 3 \text{이고}, \; -2 < y < 1 \text{이라는}$$

사실을 알고 있다고 합시다. 이때 점 P가 있을지도 모르는 영역을
그림으로 나타내 보세요.

〈해답 2-2〉

점 P가 있을지도 모르는 영역은 아래에 표시된 직사각형의 내부
입니다. 경계는 포함하지 않습니다.

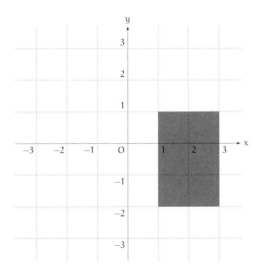

보충 설명

참고로 이 영역을,

$$\{(x, y) \mid 1 < x < 3 \text{ 또한 } -2 < y < 1\}$$

로 나타낼 수도 있습니다. 이것은 x가 $1 < x < 3$을 만족시키고, y가 $-2 < y < 1$을 만족시키는 점(x, y) 전체의 집합을 나타냅니다.

●●● **문제 2-3(원점을 지나는 직선)**

좌표평면에서 원점 O$(0, 0)$을 지나는 직선은 무수히 많으며, 대부분은 숫자 a를 이용해 $y = ax$라는 형태의 식으로 나타낼 수 있습니다. 하지만 원점을 지나는 직선 가운데 단 하나, $y = ax$라는 형태의 식으로 나타낼 수 없는 것이 있습니다. 그것은 어떤 직선입니까?

〈해답 2-3〉

y축입니다.

$y = ax$라는 형태의 식으로 나타낼 수 있는 직선은 반드시 (x, y) $= (1, a)$라는 점을 지납니다. 왜냐하면 $x = 1$이고 $y = a$라면 $y =$

ax가 성립하기 때문입니다. 하지만 a가 어떤 숫자라 하더라도 y축은 점$(1, a)$을 지날 수 없습니다. 따라서 y축은 $y = ax$라는 형태로 된 식으로 나타낼 수 없습니다.

y축을 식으로 나타낸다면 $x = 0$이라는 식이 됩니다. 이 식은 'x좌표는 0과 같다(y좌표는 무엇이어도 상관없다).'라는 의미입니다. 참고로 x축은 $y = 0$이라는 식이 됩니다. 이 식은 'y좌표는 0이다(x좌표는 무엇이어도 상관없다).'라는 의미입니다. $a = 0$으로 하면 x축은 $y = ax$라는 형태의 식으로 나타낼 수 있다고 말할 수 있습니다.

답: y축($x = 0$이어도 마찬가지다)

●●● **문제 2-4(영역을 나타내는 부등식)**

회색으로 표시된 영역을 나타내는 부등식을 구하시오(경계는 포함하지 않는 것으로 합니다). 단, 이 영역의 경계를 나타내는 식은 $y = \sin x$입니다.

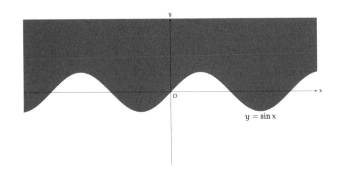

y = sin x

〈해답 2-4〉

경계를 나타내는 식이 $y = \sin x$이므로 그보다 위쪽에 있는 영역
을 나타내는 부등식은 $y > \sin x$가 됩니다.

답: $y > \sin x$

제3장의 해답

● ● ● **문제 3-1(소수의 정의)**
소수를 정의하세요.

〈해답 3-1〉
소수를 정의하는 데에는 여러 방법이 있으므로 아래에 소개하는 것들은 소수의 정의의 한 예가 됩니다.

정의① p를 2 이상의 정수로 한다. p를 나누어 떨어지게 하는 양의 정수가 1과 p 자신밖에 없을 때, p를 소수라 한다.

정의② 양의 정수 가운데 정의 약수가 1과 자신밖에 없는 것을 소수라 한다. 단, 1은 소수에서 제외된다.

정의③ 양의 약수가 오직 두 개뿐인 자연수를 소수라 한다.

보충 설명
정의가 어떻든 간에 소수를 작은 것부터 나열하면,

$$2, 3, 5, 7, 11, 13, 17, 19, \cdots$$

가 됩니다.

●●● 문제 3-2(이차방정식 풀이)

다음 이차방정식을 풀어보세요.

$$x^2 - 5x + 4 = 0$$

〈해답 3-2〉

주어진 이차방정식의 좌변을 인수분해하면

$$(x - 1)(x - 4) = 0$$

이므로 구하려는 숫자 x는 $x = 1$ 또는 $x = 4$를 만족시킵니다.

답: $x = 1$ 또는 $x = 4$

별도 해설

이차방정식의 근의 공식에 따라서는

$$x = \frac{-(-5) \pm \sqrt{(-5)^2 - 4 \times 1 \times 4}}{2 \times 1}$$

$$x = \frac{5 \pm \sqrt{9}}{2}$$

$$x = \frac{5 \pm 3}{2}$$

그러므로 구하려는 수 x는 $x = 1$ 또는 $x = 4$를 만족시킵니다.

답: $x = 1$ 또는 $x = 4$

● ● ● 문제 3-3(이차 함수 그래프)

다음 이차 함수 그래프가 x축과 만나는 점의 x좌표를 구하세요.

$$y = x^2 - 5x + 4$$

〈해답 3-3〉

구하려는 x좌표는 이차방정식 $x^2 - 5x + 4 = 0$을 만족시키는 실수 x이므로, 해답 3-2에 따라 $x = 1$ 또는 $x = 4$가 성립됩니다.

답: $x = 1$ 또는 $x = 4$

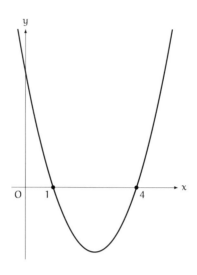

이차함수 $x^2 - 5x + 4 = 0$의 그래프

해답 3-2와 3-3의 답은 '$x = 1$ 또는 $x = 4$'이지만, 구한 수를 모두 열거해서 '$x = 1, 4$'로 쓰는 경우도 있습니다.

제4장의 해답

문제 4-1(일차방정식)

①~⑥ 가운데 x에 대한 일차방정식을 고르시오.

   ① $2x - 4 = 0$

   ② $2y - 4 = 0$

   ③ $1 + 2x = 0$

   ④ $1 + 2x^2 = 0$

   ⑤ $x = 0$

   ⑥ $2x + 1$

〈해답 4-1〉

일차방정식의 정의(p.208)에 나온

$$ax + b = 0 \qquad (a \neq 0)$$

라는 식의 형태와 비교해 판단합니다.

① $2x - 4 = 0$은 x에 대한 일차방정식입니다.

$a = 2$, $b = -4$로 하면 $2x - 4 = 0$은 $ax + b = 0$이라는 형태로 나타낼 수 있고, $a \neq 0$이기 때문입니다.

② $2x - 4 = 0$은 x에 대한 일차방정식이 아닙니다.

$2x - 4 = 0$에는 x라는 미지수가 나오지 않기 때문입니다.

③ $1 + 2x = 0$은 x에 대한 일차방정식입니다.

$1 + 2x = 0$은 $2x + 1 = 0$으로 바꾸어 쓸 수 있으므로 $a = 2$, $b = 1$로 하면 $ax + b = 0$이라는 형태로 나타낼 수 있고, $a \neq 0$이기 때문입니다.

④ $1 + 2x^2 = 0$은 x에 대한 일차방정식이 아닙니다.

$1 + 2x^2 = 0$에는 $2x^2$이라는 'x^2의 항'이 있어 $ax + b = 0$이라는 형태를 만들 수 없기 때문입니다.

⑤ $x = 0$은 x에 대한 일차방정식입니다.

$a = 1$, $b = 0$으로 하면 $ax + b = 0$이라는 형태로 나타낼 수 있고, $a \neq 0$이기 때문입니다.

⑥ $2x + 1$은 x에 대한 일차방정식이 아닙니다.

$2x + 1$에는 등호(=)가 없으므로 $ax + b = 0$이라는 형태를 만들 수 없기 때문입니다.

답: x에 대한 일차방정식은 ①, ③, ⑤

보충 설명

- ②의 $2x - 4 = 0$을 $0x + (2y - 4) = 0$으로 바꾸어 쓰면 $ax + b = 0$으로 만들 수 있습니다. 하지만 $a = 0$이 되므로 x에 대한 일차방정식이라고는 할 수 없습니다.

- ②의 $2x - 4 = 0$은 x에 대한 일차방정식은 아니지만, y에 대한 일차방정식이라고는 말할 수 있습니다.

- ④의 $1 + 2x^2 = 0$은 x에 대한 일차방정식은 아니지만, x에 대한 이차방정식이라고 말할 수 있습니다.

- ⑥의 $2x + 1$은 x에 대한 일차방정식은 아니지만, x에 대한 일차식이라고 합니다.

●●● **문제 4-2(동치변형)**

두 개의 수식 ㉮와 ㉯가 있을 때,

- ㉮가 성립하면 ㉯가 성립한다.
- ㉯가 성립하면 ㉮가 성립한다.

라고 하자. 이때 두 수식 ㉮와 ㉯는 동치라고 한다. 그리고 수식 ㉮를 동치인 수식 ㉯로 변형하는 것을 동치변형이라고 한다.

①~⑥의 식 변형이 동치변형이 되는지 안 되는지를 판단하시오.
⑥에 대해서는 동치변형이 되는 a의 조건에도 맞추어 답하시오.

    ① $3x - 1 = 3$의 양변에 1을 더해 $3x = 4$를 얻는다.

    ② $5x = 10$의 양변을 5로 나누어 $x = 2$를 얻는다.

    ③ $7x = 5x$의 양변에서 $5x$를 빼서 $2x = 0$을 얻는다.

    ④ $x = 3$의 양변에 2를 곱해 $2x = 6$을 얻는다.

    ⑤ $x = 2$의 양변을 각각 2제곱해서 $x^2 = 4$를 얻는다.

    ⑥ $x = 3$의 양변에 숫자 a를 곱해 $ax = 3a$를 얻는다.

〈해답 4-2〉

①, ②, ③, ④는 동치변형입니다.

⑤는 동치변형은 아닙니다. 예를 들어 $x = -2$일 때, $x^2 = 4$는 성립하지만, $x = 2$가 성립하지 않습니다.

⑥은 $a \neq 0$일 때는 동치변형이 되지만, $a = 0$일 때는 동치변형이 되지 않습니다. 예를 들어 x가 100일 때 만약 $a = 0$이면 $ax = 3a$는 성립하지만, $x = 3$은 성립하지 않습니다.

보충 설명

⑤등식의 양변을 제곱했을 때는 주의할 필요가 있습니다. 등식 △

= □가 성립할 때, 양변을 제곱한 등식 $\triangle^2 = \square^2$은 성립합니다. 하지만 반대로 등식 $\triangle^2 = \square^2$이 성립한다고 해서 $\triangle = \square$가 반드시 성립하는 것은 아닙니다.

⑥등식 ▲ = ■의 양변에 0을 곱한 등식 $0 \times$ ▲ $= 0 \times$ ■는 성립합니다. 하지만 반대로 $0 \times$ ▲ $= 0 \times$ ■가 성립한다고 해서 등식 ▲ = ■가 성립한다고는 할 수 없습니다. 예를 들어 ▲ ≠ ■여도 $0 \times$ ▲ $= 0 \times$ ■는 성립하기 때문입니다. 이것은 0으로 나누어서는 안 되는 이유기도 합니다.

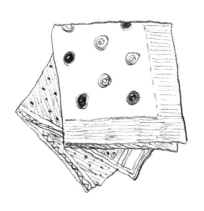

제5장의 해답

●●● 문제 5-1(이유를 생각한다)

2로 나누면 나머지가 1이 되는 수를 기수라고 정의한다. 123은 기수일까? 그렇다면 그 이유는 무엇일까?

〈해답 5-1〉

123은 기수입니다. 왜냐하면 $123 = 2 \times 61 + 1$이므로 123을 2로 나누면 나머지가 1이 되기 때문입니다.

●●● 문제 5-2(연립방정식)

두 직선 $y = 2x + 1$과 $y = x$의 교점을 구하려 할 때,

$$\begin{cases} y = 2x + 1 \\ y = x \end{cases}$$

라는 연립방정식을 풀어 $(x, y) = (-1, -1)$이라는 교점을 얻을 수 있었다. 이 방법으로 교점을 구할 수 있는 이유는 무엇일까?

〈해답 5-2〉

두 직선 $y = 2x + 1$과 $y = x$의 교점을 구하는 것은 '두 개의 등식 $y = 2x + 1$과 $y = x$를 모두 만족시키는 x와 y의 조합을 구하는 것'입니다.

또한,

$$\begin{cases} y = 2x + 1 \\ y = x \end{cases}$$

이라는 연립방정식을 푸는 것도 마찬가지로 '두 개의 등식 $y = 2x + 1$과 $y = x$를 모두 만족시키는 x와 y의 조합을 구하는 것'입니다.

그렇기에 연립방정식을 풀어 교점을 구할 수 있는 것입니다.

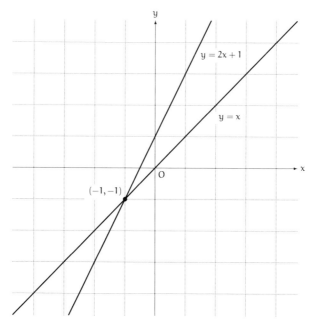

직선 $y = 2x + 1$과 직선 $y = x$

●●● 문제 5-3(직선의 이동)

좌표평면에서 직선 $y = 2x$를 1만큼 위로 평행 이동시켜 얻을 수 있는 직선을 $y = 2x + 1$로 나타낼 수 있다. 그렇다면 $y = 2x$를 0.5만큼 왼쪽으로 평행 이동시킨 직선은 어떤 식으로 나타낼 수 있을까?

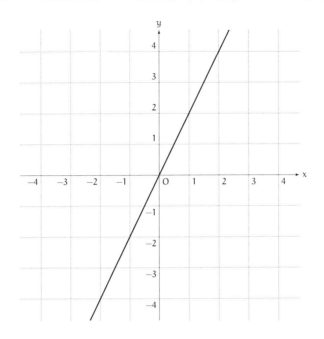

직선 $y = 2x$

〈해답 5-3〉

직선 $y = 2x$의 선상에 위치한 점은 실수 p를 이용해,

$$\begin{cases} x = p \\ y = 2p \end{cases}$$

로 나타낼 수 있습니다.

점을 0.5만큼 왼쪽으로 평행이동하면 x좌표의 값을 0.5 줄이는 게 됩니다. 그러므로 이동을 마친 직선의 선 위에 위치한 점은 실수 p를 이용해,

$$\begin{cases} x = p - 0.5 \\ x = 2p \end{cases}$$

로 나타낼 수 있습니다. 여기에서 x와 y의 관계를 나타내는 식을 구해 봅시다. $x = p - 0.5$이므로 $p = x + 0.5$인 것을 알 수 있습니다. $y = 2p$의 p에 $x + 0.5$를 대입해 $y = 2(x + 0.5)$를 얻습니다.

답: $y = 2(x + 0.5)$ ($y = 2x + 1$이어도 된다)

보충 설명

해답 5-3에서 얻은 식 $y = 2(x + 0.5)$를 전개하면 $y = 2x + 1$이라는 식을 얻을 수 있습니다. 그러므로 다음 두 직선 ①과 ②는 일치합니다.

- 직선 $y = 2x$를 1만큼 위쪽으로 평행이동한 직선①
- 직선 $y = 2x$를 0.5만큼 왼쪽으로 평행이동한 직선②

336

그림을 그려 비교해 보아도 두 직선이 정확히 일치한다는 것을
알 수 있습니다.

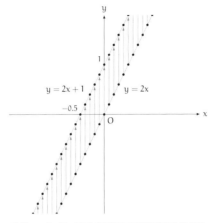

직선 $y = 2x$를 1만큼 위쪽으로 평행이동한 직선①

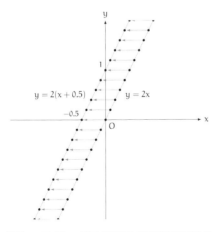

직선 $y = 2x$를 0.5만큼 왼쪽으로 평행이동한 직선②

이 책에 나오는 수학 관련 이야기 외에도 '좀 더 생각해보고 싶은' 독자를 위해 다음과 같은 연구 문제를 소개합니다. 이 문제들의 해답은 이 책에 실려 있지 않으며, 오직 한 가지 정답만이 있는 것도 아닙니다.

여러분 혼자 또는 이런 문제에 대해 대화를 나눌 수 있는 사람들과 함께 곰곰이 생각해보시기 바랍니다.

제1장 무한한 캔버스

● ● ● **연구 문제 1-X1(수학을 좋아하는가)**

여러분은 수학을 좋아하시나요? 아니면 싫어하시나요? 혹시 좋아한다면 어떤 점이 좋은가요? 만약 싫어한다면 어떤 점이 싫은가요?

● ● ● **연구 문제 1-X2(좌표평면상의 한 점)**

제1장에서는 좌표평면상의 한 점을 x좌표와 y좌표라는 두 숫자의 조합(x, y)로 나타냈습니다. 좌표평면상의 한 점을 하나의 숫자로 나타낼 수 있을까요?

● ● ● **연구 문제 1-X3(용어에 익숙해지는 방법)**

제1장에서 '나'는 '새로운 용어나 아직 익숙지 않은 용어가 나왔을 때는 직접 소리 내어 말해 보는 것이 좋아. 용어에 익숙해지기만 해도 어렵다는 느낌이 줄어들거든.'이라는 말을 했습니다 (p.43). 여러분은 그 말을 어떻게 생각하시나요? 또 소리 내어 말하는 것 말고 새로운 용어에 익숙해지는 방법이 있을까요?

●●● 연구 문제 1-X4(현실 세계)

제1장에서 '나'는 '수학에서 말하는 평면이란 것은 현실 세계에 존재하는 것이 아니다.'라는 말을 했습니다(p.41). 수학은 현실 세계와 무관할까요? 현실 세계에는 존재하지 않는 것을 연구하는 것에 어떤 의미가 있다고 생각하나요?

●●● 연구 문제 1-X5(이해하다)

제1장에는 '이해'라는 표현이 몇 번인가 등장했습니다. 최근에 여러분은 뭔가를 '이해했다.'라고 느낀 적이 있나요? 자신이 그것을 이해했을 때 어떤 감정이 들었나요? 자신이 그것을 진정으로 이해했는지 확인해 볼 수 있을까요?

제2장 직선에 대해 알아보자

●●● 연구 문제 2-X1(경계를 찾자)

제2장에서는 직선이 평면을 나누는 경계가 되고 있다는 내용이 등장합니다. 허공을 떠다니는 비눗방울은 공간을 나누는 경계가

되고 있습니다. 또 현재는 시간의 흐름을 과거와 미래로 나누는 경계가 되고 있습니다. 여러분 주변에서 경계가 되는 것들을 자유롭게 찾아보세요.

●●● 연구 문제 2-X2(암기와 이해)

제2장에서 '나'는 노나에게 '의미를 이해한 다음에 외우는 건 괜찮아. 하지만 처음부터 무슨 뜻인지 생각하지 않고 무작정 내용을 통째로 암기하려 드는 건 바람직하지 않아.'라는 말을 합니다 (p.99). 이 말에 대해 여러분은 어떻게 생각하시나요?

●●● 연구 문제 2-X3

제2장에서 '나'는 노나에게 '빠르게 생각해서 신속히 대답하는 것'보다 '시간을 충분히 들여 생각해본 다음 정확한 답을 내리는 것'이 더 중요하다고 이야기합니다(p.119). 여러분은 어떻게 생각하시나요?

●●● **연구 문제 2-X4**

노나가 스스로 '머리가 나쁘다.'라고 말했을 때 '나'는 "자신을
그렇게 말하지 말라니까. 그런 말을 하는 건 '난 머리가 나빠.'라
고 스스로 주문을 거는 것과 마찬가지라고."라며 노나를 타이릅
니다(p.103). 여러분이라면 노나에게 어떻게 말하고 싶으신가요?

제3장 **암기와 이해**

●●● **연구 문제 3-X1('네'라고 대답하는 이유)**

제3장에서 테트라는 말이 제대로 전달되지 않았는데도 '네'라고
대답하는 수많은 이유를 소개하고 있습니다(p.148). 다른 이유도
생각해보세요.

●●● **연구 문제 3-X2(So what?)**

제3장에서는 So what?(그래서 뭐?)이라는 의문이 화제가 되었
습니다(p.159). 여러분은 이해는 할 수 있지만 '그래서 뭐?'라고
의문을 느끼는 개념이 있나요? 그 의문을 해결하려면 어떻게 하

는 게 좋을까요?

●●● 연구 문제 3-X3(닭이나 달걀 구해 오기 작전)

제3장에서는 '이해를 하려면 외워야만 하고', '외우려면 이해를 해야만 하는' 닭과 달걀 같은 상태에서 벗어나기 위해 '닭이나 달걀 구해 오기 작전'이라는 화제가 전개됩니다(p.167). 여러분이라면 닭과 달걀 같은 상태에서 벗어나기 위해 어떻게 하실 건가요?

●●● 연구 문제 3-X4

제3장에서는 자신이 잘할 수 있는 일을 자신의 '무기'로 비유하고 있습니다(p.175). 혹시 여러분에게 자신만의 '무기'가 있다면 그것은 무엇이라 생각하시나요?

제4장 무엇을 모르는지 모르겠어요

●●● 연구 문제 4-X1(공부할 때 튀어나오는 말버릇)

제4장에서는 '전부 다 모르겠어요.'나 '머리가 나쁘니까요.'라는 말버릇이 화제가 되었습니다. 반면 '정의로 돌아가라.', '문제에 나와 있는 글을 읽어라.'와 같은 슬로건도 화제가 되었습니다. 여러분은 공부할 때 튀어나오는 말버릇이나 자주 떠올리는 슬로건이 있나요? 그게 공부할 때 도움이 되고 있나요?

●●● 연구 문제 4-X2(자신의 이해에 관심을 갖는다)

제4장에서는 '자신의 이해에 관심을 갖기'라는 화제가 등장했습니다. 이 말은 공부할 때 자신이 내용을 얼마나 이해하고 있는지 확인하는 태도를 가리킵니다. 여러분은 자신의 이해에 관심을 갖고 계신가요?

●●● 연구 문제 4-X3(틀린다는 것)

노나는 틀리는 것을 싫어했었습니다. 여러분은 뭔가를 틀리는 것에 대해 어떻게 생각하시나요? 또 다른 사람이 틀리는 것에 대해 어떻게 생각하시나요?

● ● ● **연구 문제 4-X4(수식이 나타내는 것)**

제4장에서는 '수식이 무엇을 나타내고 있는지 그 의미를 잘 생각해볼 필요가 있다.'(p.190)라는 화제와 "'무엇을 나타내는지 신경 쓰지 않고 변형할 수 있는' 점이 수식이 지닌 큰 힘 가운데 하나."(p.196)라는 화제가 나옵니다. 하지만 이 두 화제는 모순된 것처럼 들립니다. 여러분은 어떻게 생각하시나요?

● ● ● **연구 문제 4-X5(답을 가르치다 · 이해를 돕다)**

제4장에서 '나'는 '선생님이 하는 일은 정답을 가르치는 게 아니야. 선생님이 하는 일은 이해를 돕는 거지.'(p.233)라는 말을 합니다. 여러분은 이 말에 대해 어떻게 생각하시나요?

● ● ● **연구 문제 5-X1(두 명의 자신)**

제5장에서는 '노나 선생님'과 '노나 학생'이 대화한다는 이야기가 나옵니다. 만약 여러분의 마음속에도 '선생님'과 '학생'이 존재한다면 그 둘은 어떤 대화를 나누게 될까요? 자유롭게 생각해 보세요.

● ● ● **연구 문제 5-X2(질문할 수 있는 선생님)**

여러분에게는 공부하다 모르는 게 있을 때 물어볼 수 있는 선생님이 있나요?

● ● ● **연구 문제 5-X3(이상적인 선생님)**

여러분이 생각하는 이상적인 선생님이란 어떤 일들을 해 주는 선생님인가요? 또 어떤 일들을 하지 않는 선생님인가요?

● ● ● 연구 문제 5-X4(슬로건)

이 책 곳곳에는 '배운 것을 해 보자.'와 같은 슬로건이 등장합니다. 여러분이 공부할 때 이런 슬로건을 떠올리고 활용하려면 어떻게 하는 게 좋을까요?

● ● ● 연구 문제 5-X5(끼워 맞추다)

제5장에서는 무작정 암기한 유형에 끼워 맞추어 문제를 풀려고 하는 자세의 위험성에 대해 이야기합니다. 그러나 한편으로는 '예시는 이해의 시금석'이라든가 '문자를 이용한 식의 일반화'와 같은 슬로건에 맞추어 이제껏 배운 내용을 직접 해 보는 장면도 등장합니다. 얼핏 생각하기에는 둘 다 '무언가에 맞춘다.'라는 점에서 비슷해 보입니다. 이 둘은 어떤 점이 다른 걸까요?

● ● ● 연구 문제 5-X6('자신의 이해에 관심을 갖는다')

여러분은 자신의 이해에 관심을 갖고 계신가요?

맺음말

"자신이 입을 닫지 않으면
상대방의 목소리가 들리지 않는다."

안녕하세요. 유키 히로시입니다.

《수학 소녀의 비밀노트-수학도 대화가 필요해》를 읽어주셔서 감사합니다.

이 책은 케이크스(cakes)라는 웹사이트에 올린 인터넷 연재물 '수학 소녀의 비밀노트'의 제 241회부터 제 251회까지를 재편집한 것입니다. 이 책을 읽고 '수학 소녀의 비밀노트' 시리즈에 관심이 생기신 분들은 온라인에 연재 중인 내용도 읽어주시기 바랍니다.

'수학 소녀의 비밀노트' 시리즈는 중고생들이 쉽고 재미있는 수학을 주제로 즐겁게 수다를 떠는 이야기입니다.

같은 등장인물들이 활약을 펼치는 '수학 소녀'라는 다른 시리즈도 있습니다. 이 시리즈는 좀 더 폭넓은 수학에 도전하는 수학 청춘 스토리입니다.

'수학 소녀의 비밀노트'와 '수학 소녀', 두 시리즈 모두 응원해 주시기 바랍니다.

이 책은 LATEX2ε와 Euler 폰트를 이용해 조판했습니다. 조판 과정에서는 오쿠무라 하루히코 선생님이 쓰신 《LATEX2ε美文書作成入門》의 도움을 받았습니다. 감사합니다. 책에 실은 도표는 OmniGraffle, TikZ, TEX2img를 이용해 작성했습니다. 감사합니다.

원고를 집필하는 도중에 제 원고를 읽으시고 소중한 의견을 보내 주신 분들과 하단에 소개한 분들 외에도 익명으로 댓글을 달아 주신 많은 분들께 감사드립니다. 당연한 말이지만, 혹시라도 이 책에 오류가 있다면 모두 저의 책임이며, 아래에 소개하는 분들께는 책임이 없습니다.

아부쿠 도모아키, 아베 데쓰야, 이카와 유스케, 이케시마 마사모리,

이시이 하루카, 이시우 데쓰야, 이나바 가즈히로, 우에하라 류헤이, 우에마쓰 야키미, 오카우치 고스케, 기무라 이와오, 고리 마유코, 콘소메, 스기타 가즈마사, 도아루케미스토, 나카야마 다쿠, 나카요시 미유, 니시오 유키, 후지타 히로시, 후루야 에이미, 봇텐 유토리(메다카칼리지), 마에하라 마사히데, 마스다 나미, 마쓰모리 요시히로, 미카와 아야미, 무라이 겐, 모리키 다쓰야, 야지마 하루오미, 야마다 다이키, 요네우치 다카시, 와타나베 케이.

'수학 소녀의 비밀노트'와 '수학 소녀' 시리즈를 줄곧 편집해주고 있는 SB크리에이티브의 노자와 키미오 편집장님께 감사드립니다.

케이크스의 가토 사다아키 씨께도 감사드립니다.

글을 쓰는 동안 응원해 주신 모든 분께도 감사드립니다.

세상에서 가장 사랑하는 아내와 아이들에게도 감사 인사를 전합니다.

가르치는 일과 배우는 일의 의미를 전해 주신 것에 대한 감사한 마음을 담아,

교사인 아버지와 간호사인 어머니께 이 책을 바칩니다.

유키 히로시

www.hyuki.com/girl